广东省"粤菜师傅"工程培训教材

广东省职业技术教研室　组织编写

客家风味菜
烹饪工艺

U0263831

SPM 南方出版传媒

广东科技出版社｜全国优秀出版社

·广州·

图书在版编目（CIP）数据

客家风味菜烹饪工艺 / 广东省职业技术教研室组编. —广州：广东科技出版社，2019.8（2024.7重印）
广东省"粤菜师傅"工程培训教材
ISBN 978-7-5359-7150-0

Ⅰ.①客… Ⅱ.①广… Ⅲ.①客家人—中式菜肴—烹饪—方法—技术培训—教材 Ⅳ.①TS972.117

中国版本图书馆CIP数据核字（2019）第139059号

客家风味菜烹饪工艺
Kejia Fengweicai Pengren Gongyi

出 版 人：朱文清
责任编辑：区燕宜
封面设计：柳国雄
责任校对：李云柯
责任印制：彭海波
出版发行：广东科技出版社
　　　　　（广州市环市东路水荫路 11 号　邮政编码：510075）
销售热线：020-37607413
https：//www.gdstp.com.cn
E－mail：gdkjbw@nfcb.com.cn（总编室）
经　　销：广东新华发行集团股份有限公司
排　　版：创溢文化
印　　刷：广州市东盛彩印有限公司
　　　　　（广州市增城区新塘镇太平十路二号　邮政编码：510700）
规　　格：787mm×1 092mm　1/16　印张 12　字数 240 千
版　　次：2019 年 8 月第 1 版
　　　　　2024 年 7 月第 5 次印刷
定　　价：46.00 元

如发现因印装质量问题影响阅读，请与承印厂联系调换。

广东省"粤菜师傅"工程培训教材

—————— 专家委员会 ——————

组　　长：黎永泰　　钟洁玲

成　　员：何世晃　　肖文清　　陈钢文　　黄明超
　　　　　徐丽卿　　黄嘉东　　冯　秋　　潘英俊
　　　　　谭小敏　　方　斌　　黄　志　　刘海光
　　　　　郭敏雄　　张海锋

——《客家风味菜烹饪工艺》编写委员会——

主　　编：陈钢文　　梁秋生

副 主 编：李正旭　　谢志海　　谢荣欢

参编人员：李宏坤　　张海锋　　谢龙桂　　徐长亮
　　　　　刘燕婷　　朱晓君　　黄志勇　　陈建成
　　　　　田　斌　　邓祖荣　　林少伟　　罗海防
　　　　　林煜祥　　朱新跃

前言

　　粤菜，一个可以追溯至距今两千多年的菜系，以其深厚的文化底蕴、鲜明的风味特色享誉海内外。它是岭南文化的重要组成部分，是彰显广东影响力的一块金字招牌。

　　利民之事，丝发必兴。2018年4月，中共中央政治局委员、广东省委书记李希倡导实施"粤菜师傅"工程。一年来，全省各地各部门将实施"粤菜师傅"工程作为贯彻落实习近平总书记新时代中国特色社会主义思想和党的十九大精神的具体行动，作为深入实施乡村振兴战略的关键举措，作为打赢精准脱贫攻坚战的重要抓手，系统研究部署，深入组织推进，广泛宣传发动，开展技能培训，举办技能大赛，掀起了实施"粤菜师傅"工程的行动热潮，走出了一条促进城乡劳动者技能就业、技能致富，推动农民全面发展、农村全面进步、农业全面升级的新路子。2018年12月，李希书记对"粤菜师傅"工程做出了"工作有进展，扎实推进，久久为功"的批示，在充分肯定实施工作的同时，也提出了殷切的期望。

　　人才是第一资源。培养一批具有工匠精神、技能精湛的粤菜师傅，是推动"粤菜师傅"工程向纵深发展的关键所在。广东省人力资源和社会保障厅结合广府菜、潮州菜、客家菜这三大菜系的特色，组织中式烹饪行业、企业和专家，广泛参与标准研发制定，加快建立"粤菜师傅"

职业资格评价、职业技能等级认定、省级专项职业能力考核、地方系列菜品烹饪专项能力考核等多层次评价体系。在此基础上，组织技工院校、广东餐饮行业协会、企业和一大批粤菜名师名厨，按照《广东省"粤菜师傅"烹饪技能标准开发及评价认定框架指引》和粤菜传统文化，编写了《粤菜师傅通用能力读本》《广府风味菜烹饪工艺》《广式点心制作工艺》《广东烧腊制作工艺》《潮式风味菜烹饪工艺》《潮式风味点心制作工艺》《潮式卤味制作工艺》《客家风味菜烹饪工艺》《客家风味点心制作工艺》9本教材，为大规模培养粤菜师傅奠定了坚实基础。

行百里者半九十。"粤菜师傅"工程开了个好头，关键在于持之以恒，久久为功。广东省人力资源和社会保障厅将以更积极的态度、更有力的举措、更扎实的作风，大规模开展"粤菜师傅"职业技能培训，不断壮大粤菜烹饪技能人才队伍，为广东破解城乡二元结构问题、提高发展的平衡性、协调性做出新的更大贡献。

广东省人力资源和社会保障厅

2019年8月

COMPILATION
编写说明

　　《广东省"粤菜师傅"工程实施方案》明确提出为推动广东省乡村振兴战略,将大规模开展"粤菜师傅"职业技能教育培训。力争到2022年,全省开展"粤菜师傅"培训5万人次以上,直接带动30万人实现就业创业。培养粤菜师傅,教材要先行。

　　在广东省"粤菜师傅"工程培训教材的组织开发过程中,广东省职业技术教研室始终坚持广东省人力资源和社会保障厅关于"教材要适应职业培训和学制教育,要促进粤菜烹饪技能人才培养能力和质量提升,要为打造'粤菜师傅'文化品牌,提升岭南饮食文化在海内外的影响力贡献文化力量"的要求,力争打造一套富有工匠精神,既适合职业院校专业教学又适合职业技能培训和岭南饮食文化传播的综合性教材。

　　其中,《粤菜师傅通用能力读本》图文并茂,可读性强,主要针对"粤菜师傅"的工匠精神,职业素养,粤菜、粤点文化,烹饪基本技能,食品安全卫生等理论知识的学习。《广府风味菜烹饪工艺》《广式点心制作工艺》《广东烧腊制作工艺》《潮式风味菜烹饪工艺》《潮式风味点心制作工艺》《潮式卤味制作工艺》《客家风味菜烹饪工艺》《客家风味点心制作工艺》8本教材,通俗易懂、实用性强,侧重于粤菜风味菜的烹饪工艺和风味点心制作工艺的实操技能学习。

　　整套教材按照炒、焖、炸、煎、扒、蒸、焗等7种粤菜传统烹饪技法和蒸、煎、炸、水煮、烤、炖、煲等7种粤点传统加温方法，收集了广东地方风味粤菜菜品近600种和粤点点心品种约400种，其中包括深入乡村挖掘的部分已经失传的粤式菜品和点心。同时，整套教材还针对每个菜品设计了"名菜（点）故事""烹调方法""原材料""工艺流程""技术关键""风味特色""知识拓展"7个学习模块，保障了"粤菜师傅"对粤菜（点）理论和实操技能的学习及粤菜文化的传承。另外，为促进粤菜产业发展，加速构建以粤菜美食为引擎的产业经济生态链，促进"粤菜+粤材""粤菜+旅游"等产业模式的形成，整套教材还特别添加了60个"旅游风味套餐"，涵盖广府菜、潮州菜、客家菜三大菜系。这些套餐均由粤菜名师名厨领衔设计，根据不同地域（区），细分为"点心""热菜""汤"等9种有故事、有文化底蕴的地方菜品。

国以民为本，民以食为天。我们借助岭南源远流长的饮食文化，培养具有工匠精神、勇于创新的粤菜师傅，必将推进粤菜产业发展，助力"粤菜师傅"工程，助推广东乡村振兴战略，对社会对未来产生深远影响。

广东省职业技术教研室

2019年8月

CONTENTS

目录

一、客家风味菜
"粤菜师傅"学习要求

客家风味菜是构成粤菜的三大地方菜之一。客家风味菜在广东地区按地域可划分为两个流派，即东江派和梅州流派。东江派包括惠州、河源等地区。梅州流派主要是梅州地区两市两区五县。客家风味菜就像客家话保留着中州古韵一样，保留着中原菜的风味，朴素大方，乡土风味独特。客家人喜欢吃素、吃野、吃粗、吃杂，饮食最显著的特点就是突出主料、味厚浓香、注重养生、原汁原味，在广东菜系中独树一帜。客家风味菜用料善用河塘之鲜、山野之根、森林之菌、田园之美食材；讲求熟软香浓，注重镬气，以炖、炒、焖、焗、煲、酿见长，尤以砂锅菜闻名。其代表菜品有：三杯鸡、酿豆腐、娘酒鸡、盐焗鸡、炒大肠、红焖肉、蛋饺煲、梅菜扣肉、五华鱼生、糯米莲子窝鸭、花生呡猪脚、五指毛桃龙骨汤、龙川三鲜煲鹅、东江原味禄鹅、酿春、乐昌花生豆腐等。

酿豆腐

（一）学习目标

通过对客家风味菜"粤菜师傅"的学习，粤菜师傅实现知识和技能的双线提升，既具有娴熟的客家风味菜操作技术，也掌握系统的客家风味菜理论知识。学习目标主要包括知识目标和技能目标两方面，具体内容如下：

1．知识目标

（1）了解客家风味菜的组成和风味特点的基本知识。

（2）掌握客家风味菜常用烹饪原料的种类、品质鉴定及保管方法的基本知识。

（3）了解客家菜中刀工的基本要求及注意事项，掌握肉料的腌制基本方法，掌握配菜的基本原则及方法的基本相关知识。

（4）了解客家风味菜烹调中的火候种类，掌握调味的基本原则及方法，掌握菜肴制作中上浆、上粉、勾芡的基本相关知识。

（5）了解客家风味菜厨房中的各个工作岗位及职责和厨房食品卫生有关知识。

2．技能目标

（1）能进行客家风味菜常见烹饪原料的初步加工。

（2）能进行客家风味菜刀工的正确操作，熟悉"料头"的使用。

（3）能进行客家风味菜镬工中的"抓镬、抛镬、搪镬"的基本操作，熟练掌握烹制菜肴前的操作姿势及技巧。

（4）能进行客家风味菜烹调过程中的火候调节并掌握各种烹调设备与工具的使用方法。

（5）能进行客家风味菜各种烹调法的菜式操作、制作及掌握要领和调味技巧。

（6）能进行客家风味菜各种芡汁的制作，包括包心芡、泻脚芡、汤羹芡。

精心摆盘

（二）基本素质要求

客家风味菜粤菜师傅除了需要掌握系统的理论知识和扎实的操作技能之外，同时必须具备良好的职业素养。根据餐饮服务行业的特点，粤菜师傅必须具备的职业素养包括以下几个方面：

1．具备优良的服务意识

餐饮业定义为第三产业，是服务业的一块重要拼图，这就决定了餐饮业从业人员必须具备强烈的服务意识及优良的服务态度。服务质量直接影响企业的光顾率、回头率及可持续发展，由此可以看出，粤菜师傅的工作态度，直接影响菜品的出品质量，并间接决定了粤菜师傅的行业影响力。基于此，粤菜师傅必须时刻端正及重视自身的服务态度，这是良好职业素养的基石。常言道，顾客是上帝，粤菜师傅只有把优良的服务意识付诸行动，贯彻于学习和工作之中，才能够精于技艺，才能够乐享学习的过程，才能够保证菜品的出品质量。

2.具备强烈的卫生意识

粤菜师傅必须具备良好的卫生习惯，卫生习惯既指个人生活习惯，同时也包括工作过程中的行为规范。卫生是食品安全的有力保障，餐饮业中的食品安全问题屡见不鲜，其中很大一部分与从业人员的卫生习惯密切相关。粤菜师傅首先必须从我做起，从生活中的点滴小事做起，养成良好的个人卫生习惯，进而形成健康的饮食习惯。除此之外，粤菜师傅在菜品制作过程中要严格遵守食品安全操作规程，拒绝有质量问题的原材料，拒绝不能对菜品提供质量保障的加工环境，拒绝有安全风险的制作工艺，拒绝一切会影响顾客身心健康的食品安全问题。没有良好的卫生习惯，一定不能成就一位合格的粤菜师傅。

厨师既是美食的制造者，又是美食的监管者，因此，厨师除了具有食物烹饪的技能之外，还须具备强烈并且是潜移默化的卫生意识，绝对不能马虎，时刻不能松懈。厨师的卫生意识包括个人卫生意识、环境卫生意识及食品卫生（安全）意识三个方面。

刀功练习

3.具备突出的协作精神

一道精美的菜品从备料到出品要经过很多道工序，其中任何一个环节的疏忽都会影响菜品的出品质量，这就需要不同岗位的粤菜师傅之间的相互协作。好的菜品一定是团队智慧的结晶，反映出团队成员之间的默契程度，绝不仅是某一位师傅的功劳。每位粤菜师傅根据自身特点都拥有精通的技能，是专才，并非通才。粤菜师傅根据技能特点的差异而从事不同的岗位工作，岗位只有分工的不同而没有高低贵贱之分，每个岗位都是不可或缺的重要环节，每个粤菜师傅都是独一无二的。粤菜师傅之间只有相互协作、目标一致，才能够汇聚成巨大的能量，才能够呈现自身的最大价值。

（三）学习与传承

粤菜的快速发展离不开一代又一代粤菜师傅的辛勤付出，粤菜师傅是粤菜发展的原动力。粤菜文化与粤菜师傅的工匠精神是粤菜的宝贵财富，需要继往开来的新一代粤菜师傅的学习与传承。

1.学习粤菜师傅对职业的敬畏感

老一辈粤菜师傅素有专一从业的工作态度，一旦从事粤菜烹饪，就会全心全意地投入弘扬粤菜饮食文化及钻研粤菜烹饪技艺的工作中去，把自己一生的荣光都奉献给粤菜烹饪事业，日积月累，最终实现粤菜师傅向粤菜大师的升华。这种把一份普通工作当作毕生的事业去从事的态度，正是我们常说的敬业精神。在任何时候，老一辈粤菜师傅都会怀有把自己掌握的技能与行业的发展连在一起，把为行业不断发展贡献一份力量作为自身奋斗不息的目标，时刻把不因技艺欠精而给行业拖后腿作为激励自己及带动行业发展的动力。这份对所从事职业的情怀与敬畏值得后辈粤菜师傅不断地学习，也只有喜爱并敬畏烹饪行业，才能够全身心投入学习，才能够勇攀高峰，才能够把烹饪作为事业并为之奋斗。

2.学习粤菜师傅对工艺的专注度

老一辈粤菜师傅除了具有敬业的精神之外，对菜品制作工艺精益求精的执着追求也值得后辈粤菜师傅学习。他们不会将工作浮于表面，不会做出几道"拿手"菜肴就沾沾自喜，迷失于聚光灯之下。他们深知粤菜师傅的路才刚刚开始，粤菜宝库的门才刚刚开启，时刻牢记敬业的初心，埋头苦干才能享受无上的荣耀。须知道，每一位粤菜师傅向粤菜大师蜕变都是筚路蓝缕，没有执着的追求，没有坚定的信念，没有从业的初心是永远没有办法支撑粤菜师傅走下去的，甚至会导致技艺不精，一事无成。只有脚踏实地、牢记使命、精益求精才是检验粤菜大师的试金石，因为在荣耀背后是粤菜大师无数日夜的默默付出，这种执着不是一般粤菜师傅能够体会到的。正如此，必须学习老一辈粤菜师傅精益求精的执着态度，这也是工匠精神的精髓。

3.传承粤菜独树一帜的文化

粤菜文化具有丰富的内涵，是南粤人民长久饮食习惯的沉淀结晶。广为流传的广府茶楼文化、点心文化、筵席文化、粿文化、粄文化，还有广东烧腊、潮式卤味等，都成了粤菜文化具有代表性的名片，是由一种饮食习惯逐步发展成的文化传统。只有强大的文化根基，才能够支撑菜系不断地向前发展，粤菜文化是支撑粤菜发展的动力，同时也是粤菜的灵魂所在，继承和弘扬粤菜文化对于新时代粤菜师傅尤为重要。经过历代粤菜师傅的不懈努力，"食在广州"成了粤菜文化的金字招牌，享誉海内外，这是对粤菜的肯定，也是对粤菜师傅的肯定，更是对南粤人民的肯定。作为新时代的粤菜师傅，有义务更有责任把粤菜文化的重担扛起来，引领粤菜走向世界，让粤菜文化发扬光大。

4. 传承粤菜传统制作工艺

随着时代的发展，各菜系之间的融合发展越来越明显，为了顺应潮流，粤菜也在不断推陈出新，新粤菜层出不穷，这对于粤菜的发展起到很好的推动作用，唯有创新才能够永葆活力。粤菜师傅对粤菜的创新必须建立在坚持传统的基础上，而不是对粤菜传统制作工艺的全盘否定而进行的胡乱创新。粤菜传统制作工艺是历代粤菜师傅经

盐焗鸡

过反复实践总结出来的制作方法，是适合粤菜特有原材料的制作方法，是满足南粤人民口味需求的制作方法，也是粤菜师傅集体智慧的结晶，更是粤菜宝库的宝贵财富。新时代粤菜师傅必须抱着以传承粤菜传统制作工艺为荣、以颠覆粤菜传统为耻的心态，维护粤菜的独特性与纯正性。创新与传统并不矛盾，而是一脉相承、相互依托的，只有保留传统的创新才是有效创新，也只有接纳创新的传统才值得传承，粤菜师傅要牢记使命，以传承粤菜传统工艺为己任。

总之，粤菜师傅的学习过程是一个学习、归纳、总结交替进行的过程。正所谓"千里之行始于足下，不积跬步无以至千里"，只有付出辛勤的汗水，才能够体会收获的喜悦；只有反反复复地实践，才能够获得大师的精髓；只有坚持不懈的努力，才能够感知粤菜的魅力……通过向客家风味菜粤菜师傅学习，相信能够帮助你寻找到开启粤菜知识宝库的钥匙，最终成为一名合格的客家风味菜粤菜师傅。让我们一起走进客家风味菜的世界吧，去感知客家风味菜的无限魅力……

二、客家风味
通用菜

（一）焖

红焖肉

○。 原 材 料 。○

主副料	带皮五花肉750克
料 头	蒜头50克，干鱿鱼片20克，泡发冬菇件50克
调味料	精盐6克，味精5克，白砂糖10克，生抽30克，老抽5克，胡椒粉5克，娘酒15克，红曲粉3克，食用油100克

名菜故事

红焖肉是客家人逢年过节、宴请亲朋好友都要制作的一道传统菜肴，寓意好事临门、大吉大利、红红火火、富得出油。客家地区的宴席上，永远不会少了这一道颜色喜庆、油润软糯的红焖肉。

烹调方法

焖法

风味特色

成品菜肴口感软糯，油而不腻，味厚浓香

知识拓展

红焖肉根据地方不同，有的为炒糖色，放冰糖，或放花椒、八角等香料，各有特色。

工艺流程

1 五花肉去毛洗净，切成3~4厘米宽的长条，放入水中煮熟、捞起。

2 煮熟的五花肉切成3.5厘米×3.5厘米方块。

3 五花肉放入五成油温（150~180℃）的油中稍炸一下，去除表面多余的油脂。

4 鱿鱼、冬菇煸香，加入炸好的五花肉，放入水、蒜头和所有的调味料，直接用慢火焖至肉质起胶、色泽红亮、软糯浓香即可。

技术关键

1. 五花肉要炸至硬挺及呈金黄色。
2. 焖制过程要用小火慢铲，并注意火候控制，防止菜肴烂掉和煳底。

萝卜焖牛腩

名菜故事

客家人传统菜肴原料以家禽家畜类原料为主。牛腩作为客家人常用菜肴原料，与萝卜搭配，是最常用的一道美味佳肴，特别是在冬季，天然生长、鲜甜脆嫩汁多的萝卜，更能体现菜肴的风味特色。

烹调方法

焖法

风味特色

口感软脸而不烂，味道清香

知识拓展

焖牛腩也可以用客家腐竹。

◦◦ 原 材 料 ◦◦

主副料	牛腩500克，萝卜200克
料 头	姜块20克
调味料	精盐10克，八角2颗，鸡粉15克，紫金辣椒酱25克，绍酒25克，食用油10克

工艺流程

1 牛腩洗净飞水至熟，过冷水，先切成粗条再切成方块，备用；萝卜洗净去皮切成方块备用。

2 起镬下油烧热，下姜、八角爆香，再下切好的牛腩，用镬铲铲香，下绍酒加紫金辣椒酱，下水和剩余调味料，用压力锅压13分钟，再加入切好的萝卜块一起压10分钟，即可。

技术关键

起镬把姜爆香下牛腩爆炒，再下绍酒翻炒，加水、调料焖至可咬断即可，不要太烂。

（二）焗

三杯鸡

名菜故事

三杯鸡主要用一杯酒、一杯生抽、一杯花生油为配料，用砂锅加热成熟，是客家人利用智慧制作出来的简单而又极具风味特色的一道菜肴。此道菜肴的制作有意无意之间与广府菜中"焗"的烹调法连在一块，充分体现了客家菜的包容性，也体现了客家人南迁后与本土饮食文化相结合的一种情怀。

烹调方法

焗法

风味特色

色泽金黄，汁香味浓、鸡香味突出，口感鲜爽嫩滑

。○ 原 材 料 ○。

主副料	光鸡1只（约1250克）
料 头	蒜片5克，姜片10克，葱榄5克
调味料	精盐5克，食用油30克，酒30克，生抽30克，淀粉10克

工艺流程

1 光鸡斩成小件，用水洗净并吸干水分，拌入少量淀粉、盐腌制后泡油至刚熟。

2 用砂锅起锅，下食用油，放入姜片，蒜片爆香后下生抽、酒和鸡肉，直接用中火将鸡加热成熟即可。

技术关键

注意火候运用，火力过猛、时间过长均会影响菜肴质量。

知识拓展

用此烹调技法，可变通选用不同原料烹制成三杯鸭、三杯鹅、三杯兔等。

（三）煎酿

酿豆腐

° ○ (原)(材)(料) ○ °

主副料	幼嫩豆腐32角（切好的小块），五花肉300克，大地鱼100克，鱼肉100克，红薯淀粉20克
料　头	葱花5克
调味料	精盐8克，味精3克，生抽5克，食用油50克

名菜故事

客家酿豆腐久负盛名，是客家菜中最具代表性、最能体现乡愁的传统菜肴之一，也是客家人不忘本根及客家饮食文化源于中原的一种文化缩影。客家地区家家户户均种植黄豆，逢年过节把黄豆磨成浆，制成豆腐，再酿上肉馅，成为独具特色的酿豆腐。在客家话中，"腐"与"富"同音，"豆腐"谐音"头富"，是个好意头，特别是搬新房，首道菜肯定与豆腐有关，特别是客家人制作的"豆腐头"。

烹调方法

煎酿法

风味特色

色泽金黄，芡汁光亮，汁香味浓，肉馅鲜爽，鱼香味突出，豆腐嫩滑，豆香味浓

工艺流程

1 大地鱼下油镬炸香或用电烤炉烤香，剁成碎粒配用，五花肉、鱼肉粒分别切成小粒状混合，放入大地鱼调匀，加入红薯淀粉和少量水，味料顺着一个方向拌挞成富有弹性的肉馅。

2 肉馅酿入每块豆腐内。

3 起油镬，肉面朝下放进镬内，用慢火煎至金黄色时转入砂锅，放入味料、汤水，用中火慢火焖至刚熟，勾入少量芡汁，加入尾油，撒上葱花，原锅上桌。

技术关键

1. 酿肉馅时要掌握要领，防止豆腐裂开。
2. 煎制时注意掌握手法、火候，防止豆腐碎掉、馅料脱落，以及烧煳。
3. 砂锅焖制过程中注意火候控制。

知识拓展

传统的五华酿豆腐在品尝时用生菜包上酿豆腐蘸上紫金椒酱食用。拌肉馅和调味各地有不同风味，有加冬菇、虾米、韭菜、红曲等作调料或配料的。

二、客家风味通用菜

酿三宝

名菜故事

酿三宝是粤菜系中客家菜的名菜，在客家饮食文化占有重要的地位。酿三宝包括酿苦瓜、酿辣椒和酿茄子，三者集于一盘，色泽各异，形态美观，味道独特。

烹调方法

煎酿法

风味特色

肉质爽口嫩滑，味道浓郁

技术关键

1. 酿肉馅时不要太满，避免煎熟时馅料露出。
2. 尖椒、茄子内面要抹少许淀粉，防止肉馅脱落。
3. 酿苦瓜之前，先将苦瓜段用水煮熟。

原 材 料

主副料 青辣椒100克，苦瓜200克，茄子100克，五花肉200克，鱼肉100克

料 头 葱花5克

调味料 精盐10克，生抽5克，老抽1克，蚝油5克，淀粉水10克，客家黄酒5克，食用油50克

工艺流程

1 五花肉、鱼肉切小块剁碎，之后加葱、精盐5克，剁至起胶盛起备用。

2 青辣椒洗净，横切两边后挖去辣椒籽。

3 青辣椒内面抹上少许淀粉，将剁好的肉馅酿在上面，大约酿凸出三分之二个半圆形，抹平肉馅即可。

4 茄子切双飞片，中间抹上淀粉，将剁好的肉馅酿好，抹成与茄子面形状。

5 苦瓜切成约6厘米长的段，中间挖去籽，将馅料酿入，抹平两边。

6 热镬冷油滑镬，留底油将"三宝"肉馅朝下煎至金黄色后翻转，将青辣椒、苦瓜煎至呈虎皮色后烹入客家黄酒，加入100克水、精盐、生抽、蚝油、老抽，以中小火焖约3分钟，最后用淀粉水勾芡收汁，淋上包尾油即可装盘。

7 上桌时，撒上葱花即可。

（四）炒

炒猪肠

名菜故事

酸菜炒猪肠是一道风味十足的下饭下酒菜，猪肠吃起来有嚼劲，爽口，酸菜吃起来味道适中。客家地区特有的酸菜称为"水绿菜"，其实是一种客家腌菜。"绿"是客家话，与粤语"烫"同义，用水将嫩芥菜烫熟，挂到通风处晾到一定程度，再用坛子装起来，腌制一段时间即可。炒猪肠作为客家人的传统菜肴，以往客家人"打斗四"（聚餐），首选菜肴就是炒猪肠，寓意长长久久。

烹调方法

炒法

风味特色

大肠爽脆、滑嫩、油亮，镬气浓香

◦○ (原)(材)(料) ○◦

主副料 新鲜猪肠500克，水绿菜200克

料 头 番茄30克，炸好的黄豆少许

调味料 精盐3克，味精6克，白砂糖3克，生抽5克，胡椒粉2克，淀粉35克，纯碱适量

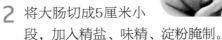

1 猪大肠放入少量纯碱、精盐，用力搓拌一会，用水冲洗干净，将猪肠翻转拔去猪油，再翻转回来。

2 将大肠切成5厘米小段，加入精盐、味精、淀粉腌制。

3 将水绿菜、番茄切成厚片状备用。

4 用大火将水烧开，放入水绿菜、番茄飞水捞起，再放猪肠飞水，捞起后放入炸好的黄豆备用。

5 镬内放入大量油烧至五成热，放入猪肠爆油捞起、滤净油。

6 起油镬，放入水绿菜煸炒片刻，放入少许水、生抽、味精、白砂糖、胡椒粉，翻炒加入爆好的猪肠，勾芡、加尾油、装盘即可。

技术关键

1. 大肠内的网油要取干净，不然味道会很重。
2. 猪肠泡油时火候要掌握要恰到好处，刚熟即可，否则猪肠质感达不到爽脆。

知识拓展

根据地域不同，有些客家地区配料放猪红、炸花生米、藕尖，台湾地区则有姜丝炒大肠。

姜糟炒牛肉

主副料 牛肉250克，子姜250克（或老姜25克），红糟1汤匙

料 头 蒜片5克

调味料 精盐3克，味精1克，生抽5克，淀粉6克，食用油50克

名菜故事

牛肉、牛百叶、牛眩肛、牛心转，以及牛肉丸、牛筋丸等，是客家人餐桌上的常见菜肴。在福建永定、连城一带客家地区，还有"涮九门头"这一道独具客家风味的菜肴。

烹调方法

炒法

风味特色

姜糟味浓，牛肉爽滑鲜嫩，具浓浓的乡土风味

工艺流程

1 牛肉横丝切成薄片，姜切丝。

2 牛肉片拌入生抽、淀粉腌制，蒜片放入油镬炸香，姜丝略炸。

3 起油镬，煸香红糟，下炸香的蒜片、姜丝，再放入牛肉片，用镬铲煸，加2汤匙水，然后用镬盖盖约1分钟，下盐拌匀调味即可。

技术关键

1. 牛肉切片要切横丝，并掌握好厚薄。
2. 煸炒牛肉注意火候把握，时间长则韧性大。

知识拓展

糟汁是客家人酿制客家娘酒的副产物。酒糟既可去除某些原料中的不良气味，又可增加菜肴的风味。

炒三宝

名菜故事

客家炒三宝的名气并不逊于客家酿三宝。炒三宝是一道健康、美味的素菜，由长豆角、茄子、苦瓜素炒而成，是客家餐桌上常见的家常菜。三者在形状、色泽、味道、营养方面相得益彰，能满足更多人口味的需求。

烹调方法

炒法

风味特色

香气浓郁，营养丰富

技术关键

茄子是很"吃"油的一种原料，因此用油炸比较香滑。

知识拓展

炒三宝的原材料可随季节或环境转变而稍变化，苦瓜、青椒、茄子、豆角、木耳亦可。

原 材 料

主副料	长豆角300克，茄子300克，苦瓜300克
料 头	蒜蓉20克，豆豉30克
调味料	精盐3克，味精2克，生抽2克，鱼露3克，蚝油3克，食用油50克

工艺流程

1 苦瓜洗净，切段后对半切开，取出瓜瓤，切成长6厘米的条。

2 茄子洗净切段，再切成长6厘米的条，用清水浸泡10分钟。

3 长豆角洗净去掉头尾，切成长6厘米的条。豆豉剁碎备用。

4 炒镬加热，用食用油滑镬。加入3满勺食用油，油温加热至五六成热，将茄子炸至金黄色硬身时捞出，豆角、苦瓜一同下油镬，并迅速倒出沥去多余油。

5 镬留底油，爆香料头后倒入"三宝料"，烹入鱼露，调入精盐、生抽、蚝油、味精、老抽，大火炒匀即可装盘。

香芹蒜苗炒土鱿

·○ 原 材 料 ○·

主副料	水发土鱿300克，香芹150克，蒜苗100克
料　头	姜片10克，蒜片10克
调味料	精盐3克，味精1克，白砂糖3克，姜汁酒
	15克，食用油30克

名菜故事

土鱿就是鱿鱼干，在客家话中，"鱿"与"有"谐音。土鱿属于海味的一种，对居于山里的客家人而言，土鱿是一种富贵食材。因此，炒土鱿是客家婚宴、满月宴等宴席上必有的上档次菜品。

工艺流程

1　鱿鱼提前用清水泡发，泡发好的鱿鱼洗净切段，剞麦穗花刀，加入姜汁酒进行腌制。

2　香芹、蒜苗洗净后斜刀切段备用；姜切成姜花，蒜切成蒜片备用。

3　起镬烧油，爆香料头，下香芹、蒜苗翻炒断生后放入土鱿爆炒，炒制鱿鱼断生卷起时，加精盐、白砂糖、味精、姜汁酒翻炒均匀后，湿淀粉勾上薄芡，加包尾油，装盘即可。

烹调方法

炒法

技术关键

1. 鱿鱼泡发时间不能过长，软身即可。
2. 鱿鱼采用生炒法，不能飞水，要加入适量姜汁酒去除腥味。
3. 鱿鱼炒制要注意火候，一熟就行，要有镬气。
4. 剞花要剞在鱿鱼的内肉面，确保制作时能卷曲。

风味特色

咸鲜适口，味道大甜大咸，色泽美观

客家风味菜烹饪工艺

糟汁苦麦炒黄鳝

名菜故事

黄鳝是客家人舌尖上的美味。天然生长的鳝鱼，由于肚底下有自然的土黄色，客家人称之为"黄鳝"。以往，每年春耕时节，都有人专门钓黄鳝，所谓"春风起，吃鳝忙"，春天是黄鳝最肥美的季节，是吃黄鳝的最好时节。

烹调方法

炒法

风味特色

味道鲜嫩、爽滑，糟汁味浓郁

○。○ 原 材 料 ○。○

主副料	黄鳝300克，苦麦400克
料 头	蒜片6克，姜片8克
调味料	精盐6克，味精3克，胡椒粉1克，糟汁10克，食用油50克

工艺流程

1 黄鳝宰净去骨（嫩黄鳝可不去骨），切成段，苦麦洗净切成段。

2 起镬放入少量油，先将苦麦略煸炒，沥干水。

3 起镬，下姜片、蒜片炒香，下黄鳝爆炒，加入糟汁、苦麦、少量清水，调入调味料，用猛火急速翻炒，调入淀粉勾芡，加包尾油，炒至刚熟即成。

技术关键

注意炒制时的火候。

知识拓展

春天的黄鳝配以春天的韭菜，美味可口，营养丰富。

（五）扒

客家扒鸭

客家风味菜烹饪工艺

名菜故事

客家扒鸭是客家传统菜肴之一，是客家人宴客的常用菜式，可加入糯米制成糯米扒鸭。

烹调方法

扒法

风味特色

造型完整，汁香味浓，肉质嫩滑，原汁原味

技术关键

1. 飞水后要趁热涂上生抽、老抽。
2. 注意成色炸制油温。
3. 注意燀制、蒸制火候与造型。

知识拓展

扒鸭制作程序复杂，对厨师的要求高，特别是火候、调味的把握。

原 材 料

主副料 光鸭1只（约750克）

料 头 姜片、葱度各20克

调味料 精盐8克，味精3克，白砂糖10克，生抽5克，老抽3克，绍酒20克，八角1颗，花椒、陈皮、沙姜各3克，食用油3000克（耗油135克）

工艺流程

1 在光鸭背部划"十字刀"，划破鸭眼球，放入滚沸水中飞水，趁热在鸭皮上涂上生抽、老抽。

2 用3000克食用油起镬，用180℃油温将已着色的鸭炸至呈大红色捞起。

3 起油镬，放入姜片、葱度煸香，烹入绍酒，加入清水、调味料，放入炸好的鸭，用中火燀制2小时。

4 燀制完毕，捞起，整鸭脱骨，摆放好原只鸭形，扣在碗中，淋上汁，上蒸笼蒸30分钟。

5 蒸制完成后，取出原汁，将鸭覆盖在盘中，摆成扒鸭形状，用原汁加入淀粉制成芡汁，加包尾油淋在扒鸭身上即成。

（六）㸆

五香圆蹄

名菜故事

五香圆蹄是客家地区传统菜式，是逢年过节的常用菜肴。猪蹄具有较高的营养价值，含丰富的胶原蛋白，对皮肤、骨质、心脑血管等的正常发育有一定的促进作用。

烹调方法

㸆法

风味特色

口感软糯，香气浓郁，肥而不腻

知识拓展

五香圆蹄配虾米、发菜、冬菇等配料，可制成虾米圆蹄、发菜圆蹄、冬菇圆蹄等菜肴。

原材料

主副料 带皮形状完整的猪肘子500克

料　头 姜片10克，葱度5克

调味料 精盐5克，味精5克，白砂糖10克，生抽10克，芝麻油20克，花椒10克，八角2颗，食用油1500克（耗油30克）

工艺流程

1 猪肘肉煮至软柔刚熟时捞起，在猪皮处涂上生抽着色。

2 用1500克食用油起镬，用180~220℃油温将猪肘肉浸炸成大红色，先用沸水煮过，再用冷水漂洗净油脂。

3 起镬放入料头煸炒香，下汤水和调味料，加入处理好的猪肘肉，转入砂锅中㸆1小时。

4 㸆好后取出，在有肉一面用“十字”刀横切，不要切断皮，皮朝下扣在碗中，原汁淋上，放入蒸笼蒸约30分钟，取出覆盖在盘中，再用原汁加入淀粉成芡淋上即成。

技术关键

1. 注意煮制的时间、成熟度。
2. 趁热涂上生抽，掌握好浸炸火候。
3. 掌握好㸆制、蒸制火候。

（七）煮

娘酒河虾

名菜故事

娘酒河虾是一道极具客家风味特色的传统名菜。客家娘酒历史久远，在客家地区，家家户户几乎都精于酿制娘酒。娘酒能益气养血，健脾胃。客家人常用娘酒做娘酒鸡滋补身体，是许多客家女人坐月子时用来恢复元气、补托身体、催奶的食品。

烹调方法

煮法

风味特色

酒香浓郁，虾味鲜美

 ·○ 原 材 料 ○·

主副料	新鲜河虾300克，客家娘酒500克
料 头	姜50克
调味料	精盐3克，食用油30克

工艺流程

1 河虾用水冲洗干净备用。

2 姜切中片。

3 用中火将砂锅烧热，放姜爆香，放客家娘酒。娘酒烧开后放适量盐调味，放入河虾煮熟即可。

技术关键

1. 娘酒的品质是此菜风味的关键。
2. 不宜久煮，否则虾口感过老。

知识拓展

1. 河虾个头不大，肉质细嫩，是客家菜常见原料。
2. 用此做法可制作娘酒鸡。

猪肉捶丸

○ ○ 原 材 料 ○ ○

主副料 猪瘦肉2500克，木薯淀粉150克，冰块700克

调味料 精盐50克

名菜故事

猪肉捶丸源自于中原饮食文化中古老的"捣珍"。捣珍是周代食馔中著名的八种名食之一。《礼记》中记载："取牛、羊、麋、鹿、麇之肉，必脄。每物与牛若一，捶反侧之，去其饵，孰出之，去其皽，柔其肉。"就是说，用大小相等的牛、羊、鹿、獐子等里脊肉合在一起，反复捶打到软烂，去掉筋膜，烧熟之后再加上酱料，即可食用。

烹调方法

煮法

风味特色

成品色泽洁白，口感爽脆滑弹，肉香味浓，大小均匀，无肉筋

工艺流程

1 猪瘦肉切成小块，与冰块、木薯淀粉、盐等原料一同放入绞肉机中。

2 启动绞肉机，在每分钟约3000转的转速下绞制近1分钟即成。

3 肉胶倒入盆中，手工将肉胶挤成大小一致的肉丸，放入约75℃的热水中，再慢慢煮沸至肉丸成熟即可。

技术关键

1. 宜选用猪里脊肉与适量后腿肉，混合使用。

2. 绞肉机绞制过程中注意时间和肉胶温度，防止"返生"。

3. 肉丸挤出后切忌在沸水中直接煮制，以防表皮迅速成熟，影响内部成熟、内部颜色。

知识拓展

传统客家猪肉丸是用长条形方口锤刀先打至绵烂，然后调入味料，再打制成黏性极佳的肉胶，最后挤成肉丸。制作肉丸的材料除猪肉以外，还可用牛肉、鸡肉、鸭肉、牛筋等。

二、客家风味通用菜

客家娘酒鸡

名菜故事

客家娘酒鸡具有暖身、驱寒、补血之功效，是一道客家传统特色名菜。在客家人中，产妇一般都吃娘酒鸡进补，因此它不仅仅是一道菜、一种美食，更是一种文化，是客家人一代又一代健康成长的养分，是客家人"伟大母爱"的一种体现。

烹调方法

煮法

风味特色

香甜嫩滑，美味爽口

技术关键

1. 要选用本地土鸡（公鸡、嫩母鸡均可）。
2. 要选用本土土法制作的娘酒。
3. 焖煮时转入砂煲，注意掌握火候。

∘∘ 原 材 料 ∘∘

主副料 公鸡1只（约重1250克），客家娘酒1500克

料 头 老姜块150克

调味料 花生油50克

工艺流程

1 宰净的雄鸡斩成块，老姜块拍扁。

2 起油镬，先下姜块炒香，然后下鸡块爆香，加入娘酒、冰糖煮至滚沸后转入砂煲用中慢火焖煮至熟即可。

知识拓展

客家娘酒炖鸡，客家人叫鸡子酒。当小孩子出生三天后，亲友要喝"三朝酒"，满月喝"满月酒"，一岁喝"周岁酒"，成年结婚上轿前喝"暖轿酒"，喜宴喝"完婚酒"，年老寿辰时喝"生日酒"。每逢节庆，妇孺老幼也禁不住小酌几口。

（八）炸

烧鲤

名菜故事

客家烧鲤是一道客家名菜，以鲤鱼为主料，用客家传统烹调技法——红烧（实际为粤菜系中的"扒"）烹制。鲤鱼为河塘鲜，是客家地区最易得的一种食材，采用红烧烹制法，再加上客家酿酒，便制成了别具一格的地道客家风味菜。

烹调方法

炸法

风味特色

造型美观，汁浓味香，外焦里嫩

○·○ 原 材 料 ○·○

主副料 鲤鱼1条（600克）

料 头 姜片10克，葱榄8克

调味料 精盐6克，白砂糖3克，生抽10克，娘酒15克，绍酒5克，淀粉30克，食用油2000克（耗油50克）

工艺流程

1 鲤鱼宰杀干净（不要去鳞），鲤鱼内外涂上精盐、酒腌制。

2 用2000克食用油起镬，将拍上淀粉的鲤鱼放入180℃的油镬中浸炸至呈两面金黄色，外酥脆刚熟时捞起，上盘摆好。

3 起油镬，下姜片、葱榄煸香，烹入娘酒、清水、调味料，用淀粉成芡淋在炸好的鲤鱼上面即成。

技术关键

1. 鲤鱼初加工不能去鳞，鱼鳞含丰富脂肪，加热后香味浓。
2. 炸制鲤鱼注意掌握好火候，起炸油温过低或过高都会影响成品质量。

（九）煲

蛋角煲

名菜故事

传说酿菜与客家人从中原南迁饮食习惯改变有关。从中原迁徙至南方的客家人，因思念家乡美食，而迁移当地又没有包饺子用的面粉，只好就地取材，用不同的原料代替饺子皮包裹，采用各种食物作为馅料植入其中，这就形成了多样的客家酿菜文化。客家蛋角，是客家酿文化的又一重要体现，虽然做法简单，但色彩鲜艳、风味十足，具有浓郁的客家乡土风味。

烹调方法

煲法

风味特色

质感嫩滑，味道鲜香

知识拓展

蛋角煲是东江煲仔菜的一种做法。

○ ○ 原 材 料 ○ ○

主副料 白萝卜150克，鸡蛋5个，去皮五花肉200克，鱼肉50克

料 头 葱花5克，芹菜段50克

调味料 精盐8克，味精2克，胡椒粉0.5克，鱼露5克，二汤300克，食用油30克

工艺流程

1 五花肉切小块，鱼肉切小块后剁碎，撒上4克精盐，继续剁至粘刀起胶，然后打成肉胶备用。

2 白萝卜去皮切成粗丝，芹菜去掉叶子切成芹菜段，放入砂锅垫底用。

3 鸡蛋打散，加入1克精盐继续搅打至蛋液均匀。

4 炒镬加热，滑镬，镬中加2克食用油，转中小火，放入一小勺蛋液摊成小蛋饼，将肉馅放在蛋饼一边后包起蛋饼呈饺子状并煎至两面金黄色备用。

5 鸡蛋全部酿好后排在砂锅中，加入精盐3克、味精2克、食用油20克、二汤300克，大火烧开后转中小火慢煲约5分钟，上桌前撒上葱花即可。

技术关键

1. 五花肉三分肥七分瘦的为佳。

2. 蛋液要充分打散。

3. 煎蛋饼时要先滑镬，注意火候，防止煎糊。

（十）蒸

米粉肉

名菜故事

客家米粉肉是指客家人用自己的烹饪方式制作的粉蒸肉。赣州地区和福建地区也有做粉蒸肉，调味、做法与梅州的差别不大，不同的是赣州地区将腌制拌好的原料（将荷叶用沸水烫软）倒入荷叶中，包成圆锥形，上甑蒸3小时即可，福建地区的米粉肉采用的是红薯淀粉，而梅州地区的米粉肉，采用的是大米炒香后磨出的米粉。

烹调方法

蒸法

风味特色

清香扑鼻，软糯酥烂

。○ （原）（材）（料） ○。

主副料	五花肉300克，炒好的米粉50克
料 头	葱花5克
调味料	精盐5克，味精2克，白砂糖2克，生抽5克、老抽1克，胡椒粉1克，花椒5克，八角2颗，客家黄酒10克，芝麻油5克

工艺流程

1 大米、花椒、八角炒至金黄色后磨碎成粗粉备用。

2 五花肉洗净切好件放入盆中，放盐少许拌匀，加入生抽、老抽、胡椒粉、味精、白砂糖、客家黄酒、芝麻油，抓拌均匀腌制30分钟。

3 腌制好的猪肉裹上米粉，肉皮朝底扣好放入蒸笼蒸60分钟左右，熟后翻转扣盘，撒上葱花即可。

技术关键

1. 选择肥瘦搭配的五花肉切成长6厘米左右、厚度0.5厘米左右的方块，外面裹以米粉，做出来的米粉肉层次分明。

2. 配料先搅拌均匀后再加入米粉，米粉与肉类搭配的比例以6：1为宜。

客家萝卜丸

名菜故事

萝卜丸晶莹剔透、洁白透亮，是客家人餐桌上的常见美食，与肉丸、鱼丸等菜品一样，也寄托了客家人对美好生活的向往。

烹调方法

蒸法

风味特色

晶莹剔透，清香扑鼻，软糯爽滑，鲜甜味美

知识拓展

在原料选用上，可根据季节、食客的口味用凉瓜、木瓜、芋头、著莜菜等代替，可制出别具客家风味特色的菜品。

○·○ **原 材 料** ○·○

主副料 白萝卜500克，番薯淀粉50克，五花肉25克，虾米10克

料 头 蒜白20克

调味料 精盐8克，胡椒粉5克

工艺流程

1 萝卜切丝，瘦肉剁碎，蒜白切成花状，虾米涨发后切成小粒。

2 切好的萝卜飞水后过冷水冷却并吸干水分。

3 起油镬，放入蒜花、虾米粒煸香，下肉料炒至刚熟，倒出放入萝卜丝中，再下番薯淀粉拌匀、挤成丸状。

4 放入蒸笼用中火蒸8分钟即可。

技术关键

1. 萝卜丝飞水、过冷水后要吸干水分。
2. 蒸制时注意把握火候。

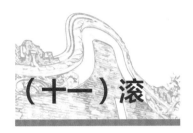

（十一）滚

清水鲩丸

名菜故事

鲩鱼是客家地区分布广泛的河塘鲜。靠山吃山、靠水吃水，是客家先民的生活智慧。制作鱼丸又与制作猪肉丸、牛肉丸等禽畜肉丸有区别。

烹调方法

滚法

风味特色

颜色洁白光亮，口感爽滑软糯，味道鲜美，鱼香味浓

○ ○ （原）（材）（料）○ ○

主副料 鲩鱼2000克，清水1000克

料　头 葱花5克

调味料 精盐15克，味精10克，蛋清80克，红薯淀粉20克，猪油10克

工艺流程

1　鲩鱼宰净，起出鱼肉，去净鱼皮，切成小块，放在砧板上用刀不断有节奏地捶剁成细幼起镜面而富有弹性的鱼胶。

2　剁出的鱼胶放入瓦盆内，加入红薯淀粉、味精和适量清水开成糊状，不断顺着一个方向拌挞，一边用力搅拌，一边加入蛋清、盐，挞成胶状，然后加入猪油捞匀。

3　打制好的鱼胶挤成丸子，随即放入清水镬中；挤完后，用慢火浸煮15分钟至熟（注意：清水浸煮时不能滚，出现微沸立即冲入冷水）捞起，放入汤碗中，将清汤750克调味，放入汤碗即成。

技术关键

1. 捶剁鱼肉时注意鱼肉温度的变化，如果温度过高易"返生"。
2. 打制鱼胶时要顺一个方向搅拌，边拌边挞。
3. 鱼胶挤成丸子后放入清水中，要注意水温的控制，煮制时也要注意水温控制。

知识拓展

1. 可以根据味道的需要，加入鱼骨熬制汤底，增加汤汁风味。
2. 有些地方使用鲮鱼制作，采用刮鱼青的方法制作鱼胶，挤成丸子，增加鱼丸的风味特色。

咸菜豆腐鱼头汤

名菜故事

大头鱼，即我国四大家鱼之一的鳙鱼，此鱼鱼头大而肥，肉质雪白细嫩，营养价值高，是做鱼头汤的首选。豆腐咸菜鱼头汤含丰富的氨基酸、优质蛋白质，对孕产妇及大病康复者有很好的滋补作用。

烹调方法

滚法

风味特色

汤色浓白，味道鲜美

技术关键

1. 先滑镬再煎制，防止煎焦。
2. 用猪油可以让汤更加浓白。
3. 鱼煎后用大火滚，不要太早放盐。

知识拓展

鱼头汤也以可用白萝卜烹制。

原材料

主副料	鳙鱼头500克，豆腐300克，咸菜100克
料 头	芫荽20克，姜50克
调味料	精盐15克，胡椒粉15克，猪油30克，水1000克，绍酒10克

工艺流程

1. 鳙鱼头洗净斩成大块，再用流水冲洗净血污，倒出沥干多余水分。

2. 豆腐切成长方形小块，咸菜切中条，姜切成丝。

3. 热镬冷油滑镬，放入猪油，待镬边冒油烟时，将鱼头下镬煎至两面金黄色，加开水加盖大火烧翻滚约30秒。开盖倒入咸菜，翻滚至乳白色，再放入豆腐，调味后倒入砂煲。

4. 芫荽、胡椒粉、绍酒放入即可。

（十二）焗

盐焗鸡

○.○ 原 材 料 ○.○

主副料 光鸡项1只（约1200克），生粗海盐2500克，纱纸4张

料 头 姜片5克，芫荽20克，葱条15克，八角2颗

调味料 精盐10克，味精10克，老抽15克，绍酒20克，八角2颗，沙姜粉3克，芝麻油10克，花生油100克，猪油100克

名菜故事

盐焗鸡，是客家人的传统菜，已有300多年的历史。它的形成与客家人的迁徙生活密切相关。在南迁过程中，客家人搬迁到一个地方，经常受异族侵扰，难以安居，被迫又搬迁到另一个地方。在居住过程中，每家每户均饲养家禽、家畜，在迁徙过程中，活禽不便携带，便将其宰杀，放入盐包中，以便贮存、携带。到搬迁地后，这些贮存、携带的原料可以缓解食物的匮乏，又可滋补身体。盐焗鸡就是客家人在迁徙过程中运用智慧制作并闻名于世的菜肴。

烹调方法

焗法

风味特色

色彩微黄，皮爽肉滑，骨香味浓

工艺流程

1 光鸡洗净晾干，用刀斩去指尖和嘴上硬壳，在鸡翅两边各切一刀，割断翅筋，用刀背略捶鸡项，敲断脚骨，鸡内外涂上精盐，葱条、姜片、八角2颗放入鸡内膛，鸡外涂上绍酒、老抽、芝麻油，鸡脚插入鸡腹内，鸡头屈藏在鸡翅下，取三张纱纸铺平在桌面上（上面两张涂上猪油），然后将鸡用纱纸包裹备用。

知识拓展

为了更好地传承发扬客家菜，客家菜非物质文化传承人陈钢文大师，为了实现市场化的发展需求，结合盐焗鸡的特点，对繁琐的盐焗烹饪环节进行了创新改革，采用先把鸡用汤浸焗至六成熟再改用炒热盐焗的方法，不但保持了盐焗鸡皮脆、肉滑、骨香的特点，又能较大规模地生产。盐焗烹调法是客家菜最具特色的烹调法，可制作出独具风味特色的盐焗系列食品，如盐焗凤（鸭）爪、盐焗狗肉（脚）、盐焗猪肚、盐焗水鱼等。

2 沙姜粉、盐2克、味精放在碟子中，加入花生油拌匀，做成蘸料备用。

3 旺火烧热炒镬，下粗盐炒至滚热（有青烟起）、有爆响声时，取出部分盐，扒开中心将包好的鸡放入，再将取出的盐盖在上面，加镬盖置炉上用中小火焗50分钟至熟，取起，去掉纱纸。将鸡的皮和肉分别撕成片状、条状；鸡骨拆散，加入少许做好的蘸料拌匀，骨头垫底、肉置中、皮铺面拼砌成鸡形，少许芫荽叶伴边便成，上桌时配上佐料佐食即可。

技术关键

1. 一定要选鸡项，不宜太大，饲养180天左右，毛鸡约1600克，光鸡约1100克。
2. 粗盐一定要炒热，盐焗的时候火候要注意，中小火焗制熟，闻到盐香味时鸡就熟了。

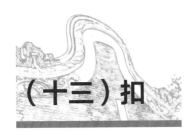

（十三）扣

梅菜扣肉

名菜故事

梅菜历史悠久，闻名中外，是岭南三大名菜之一，为岭南著名传统特产，实际上，梅菜的发祥地是梅州（即旧时的梅县）。民间用新鲜的梅菜经晾晒、精选、漂盐等多道工序制成，色泽金黄，香气扑鼻，清甜爽口，不寒、不燥、不湿、不热，有增强消化、清热解暑、消滞健胃、降脂降压的功效。客家人将五花肉加上配料进行制作，再将肉垫在梅菜干上蒸煮，制作了一道色泽油润、香气浓郁的美味佳肴，即我们时常品尝到的梅菜扣肉。

烹调方法

扣法

○·○ 原 材 料 ○·○

主副料 带皮五花肉1000克，梅菜150克

料 头 姜蓉15克，蒜子10克

调味料 精盐5克，白砂糖20克，老抽15克，蚝油10克，淀粉5克，客家黄酒5克，花生油2000克（耗油50克）

工艺流程

1 五花肉刮洗干净，用清水煮至刚熟取出，趁热以老抽涂匀肉皮。

2 梅菜经冷水浸泡回软后洗净，切碎备用。

3 中火烧热，下油烧至六成热，将肉放入油中（皮朝下）炸至金黄色，捞出用流水漂洗，沥去油。

4 晾凉的肉切成长形块状，每块长约8厘米、宽4厘米、厚0.5厘米。

5 起镬放入姜蓉、蒜子、肉块煸炒，下调味料，烹入客家黄酒，炒至五花肉起色，捞起肉料，留味汁，放入梅菜，调味略焖香后取出。

6 肉块皮朝碗底整齐排扣好，焖好的梅菜放在肉上面，将味汁倒入肉内，然后整碗放入蒸笼，先用大火后用慢火蒸约40分钟；倒出原汁，将肉覆扣在碟中；原汁烧沸，加湿淀粉勾芡，淋上即可。

风味特色

味咸鲜，颜色酱红油亮，汤汁黏稠鲜美。扣肉滑溜，肥而不腻，食之软烂醇香

客家风味菜烹饪工艺

技术关键

1. 此菜选料很重要，选用中段五花肉及质地上好的梅菜。
2. 猪肉用水煮时仅熟即可，涂老抽上色后要及时在皮上扎针。
3. 炸皮色时必须注意安全，可用锅盖挡住，防止油外溅。

知识拓展

1. 梅菜有咸芯和甜芯两种。咸芯盐重，需较长时间浸泡去除大部分盐分。乡间民众采用新鲜梅菜经过晾晒、精选、漂盐，用蒸等多道工序制成后，色泽金黄，香气扑鼻，清甜爽口，不仅可以独一成菜，也可以与猪肉、鲜鱼、牛肉等新鲜原料同蒸做成菜肴。
2. 可用芋头、粉葛、柚皮、茶树菇等制作扣肉。

三、客家地方风味菜

（一）梅州风味菜

香芋鱼头煲

名菜故事

客家人善于综合利用各种食材，用芋头搭配鱼头，能够让芋头吸收到鱼头的鲜香味，提高了菜肴营养价值。

烹调方法

煎焖法

风味特色

鱼头香味、芋头香味互相渗透，汁香味浓

○○ 原 材 料 ○○

主副料	鱼头300克，香芋100克，汤水100克
料 头	蒜蓉5克，姜5克，葱白2克
调味料	味精5克，胡椒粉2克，绍酒8克，食用油1500克（耗油30克）

工艺流程

1 鱼头斩件、洗干净，香芋去皮、切成长方块厚片，用油浸炸至身硬备用。

2 鱼头煎透至两面呈金黄色，起油镬爆香姜丝、蒜蓉，放入香芋、鱼头爆透，烹入绍酒，下汤水，用猛火煲至汤水奶白，转入砂锅调入调味料，加入葱白略焖即成。

技术关键

选用新鲜原料，香芋浸炸、鱼头煎制掌握好火候，鱼头下汤水后应用猛火，掌握好焖制火候。

知识拓展

鱼头可以用鲩鱼头或鳙鱼头，芋头宜选用香芋。

金不换生焖鲩鱼

原材料

主副料	鲩鱼1条（约750克），金不换叶20克
料 头	蒜蓉10克，姜片5克
调味料	精盐8克，味精5克，芝麻油2克，淀粉10克，绍酒15克，食用油50克

名菜故事

森林之藤、田堤之叶、山野之菌、河塘之鲜，是客家人信手拈来的天然食材。客家地区盛产河塘鲜。金不换也是常见食材，可以去腥、增香、提鲜，增添菜肴的风味特色。

烹调方法

焖法

风味特色

口感嫩滑鲜爽，味道清香

工艺流程

1　鲩鱼宰净切成段，拌入精盐、绍酒腌制，沥干水分。

2　起油镬，放入姜片、蒜蓉、金不换叶炒香，下腌好的鱼，烹入绍酒，加汤水、调味料，焖至刚熟，推入淀粉勾芡，加尾油、芝麻油装盘即成。

技术关键

掌握鱼的焖制火候。

知识拓展

金不换，学名罗勒，又名鱼生菜，是一种芳香特色蔬菜。

三、客家地方风味菜

炒滑生鱼球

名菜故事

生鱼是客家人常见的一种河鲜，又叫鳢鱼。炒滑生鱼球是一道家常菜，通过勾芡让菜肴更加爽滑，因此，客家人别出心裁地叫"炒滑生鱼球"。

烹调方法

炒法

风味特色

色泽清爽，口感嫩滑有弹性，味道清新

知识拓展

可选用鲩鱼、鳗鱼、鲣鱼等为原料炒制。

・○ 原 材 料 ○・

主副料	生鱼肉300克，葱头15克，时蔬100克
料 头	姜丝5克
调味料	精盐5克，胡椒粉3克，娘酒适量，食用油1500克（耗油20克）

工艺流程

1 生鱼放血宰净，出骨起肉、去皮，改切成长5厘米、宽2厘米、厚3厘米的鱼片，用盐、少许淀粉腌制。

2 腌过的生鱼片放入中火油镬中泡油至八成熟，捞起沥油。

3 起油镬放姜丝、时蔬爆炒，加葱头、娘酒、上汤、味精、盐等，将泡过油的鱼肉放下去炒，至九成熟，用淀粉勾芡、加包尾油即成。

技术关键

生鱼初加工放血要干净，成形符合规格，泡油火候恰当，芡汁运用恰当。

五华鱼生

名菜故事

鱼生在我国史书记载中称为"脍"或"鲙"历史悠久，内容丰富。五华鱼生至少有一千多年的历史，是五华人乃至客家人喜爱的食品。

烹调方法

脍法

风味特色

口感嫩滑爽口，口味鲜甜

知识拓展

五华鱼生吃法保留着千年传统，通常配三大碗、一瓶醋、一壶油、七大配料。三大碗，用第一碗醋过一遍鱼生，用第二碗蒜蓉醋过第二遍鱼生，用第三碗花生油、芝麻拌一遍鱼生。吃的时候只能用勺子，不能用筷子，两片鱼生加上其他配料一口吃下，十分美味。

原 材 料

- 主副料 农家鲩鱼1条，黑芝麻20克，花生50克，薄荷叶适量
- 料 头 姜蓉30克，蒜蓉80克
- 调味料 精盐10克，味精5克，白醋400克，花生油50克

工艺流程

1 鲩鱼放血，放在清水中或滚动清水中，让鱼自然摆动排血；血放干净后，取出鱼骨，将鱼肉片切成薄件，平摊在竹箕面上风干水分。

2 黑芝麻放入镬中炒香，花生剁碎煸炒香，待用；蒜蓉、姜蓉分别放入少量盐、味精用滚油拌和，分盛在碟中。

3 腌浸用的白醋用碗盛着，食用鱼生时，用白醋腌后，根据食客喜好粘上芝麻或花生、蒜蓉、姜蓉、薄荷叶一同食用。

技术关键

选料、放血是关键，要注意操作及环境卫生；切好的鱼片一定要用竹箕盛放，以利于风干。

娘酒焗鲤鱼

原材料

主副料	鲤鱼2条，娘酒100克
料 头	姜蓉20克
调味料	精盐6克，白砂糖10克，食用油50克

名菜故事

娘酒不仅是客家人营养丰富的饮品，也是常用的食材。娘酒与鲤鱼的结合，既可去腥，又极大地增加了菜肴风味，而且极具营养价值。

工艺流程

1 鲤鱼宰净，不去鱼鳞，鱼肉外抹上盐腌制片刻。

2 起镬，放入姜蓉爆香，下鲤鱼煎至两面呈金黄色，烹入娘酒、调味料，用中火略焖煮，转入砂煲炖至刚熟即成。

烹调方法

砂煲焗法

技术关键

鲤鱼在煎制、焖制时注意火候掌握。

风味特色

口感嫩滑，味道清香，娘酒风味突出

知识拓展

客家娘酒采用糯米和天然山泉水为主要原料，通过蒸煮、发酵、炙酒等工艺酿制而成，其味芳香甜美，酒精度较低，口感清醇，营养丰富。梅州客家人依然习惯在过年前各自酿酒，作为亲戚朋友相互赠送的礼品。对很多离家外出的梅州客家人来说，妈妈酿造的客家娘酒，是世上最美、最香的酒。

清蒸鳙鱼头

名菜故事

客家人传统的清蒸鳙鱼头用上了猪油，为菜肴增添了另外一种风味。猪油用量少，但可以去除鱼腥味，增加菜肴的鲜香味。

烹调方法

蒸法

风味特色

口感嫩滑，味道清香

◦◦ (原)(材)(料) ◦◦

主副料	鳙鱼头1000克
料　头	姜丝15克，葱丝10克
调味料	精盐10克，味精5克，胡椒粉2克，猪油20克

工艺流程

1 鳙鱼头洗净，晾干水分。

2 斩成大件，拌入姜丝、盐、胡椒粉、味精、猪油，放入盘中。

3 上蒸笼用猛火蒸6~10分钟取出，放上葱丝、淋入滚油即成。

技术关键

注意掌握蒸制的火候。

菜脯黄角鱼煲

名菜故事

河塘之鲜配上客家人自己制作的菜脯，去腥增香；运用砂煲焖煮，使菜肴更具客家风味特色。

烹调方法

砂煲焖法

风味特色

汤色洁白，鱼鲜味香浓

原 材 料

主副料	黄角鱼500克，菜脯50克，汤水1000克
料 头	姜片15克
调味料	精盐3克，胡椒粉4克，味精3克，食用油50克

工艺流程

起油镬，下姜片，将宰好、吸干水分的黄角鱼略煎，加入汤水、菜脯片、调味料煮沸，转砂煲中用中火焖至汤汁香浓即成。

技术关键

注意掌握煎制、焖制的火候。

杂锦客家鱼果

名菜故事

杂锦客家鱼果是一道充满喜庆的菜肴，颜色五彩缤纷，客家人又把此菜肴叫作"年年有余"。

烹调方法

炒法

风味特色

色泽赏心悦目，口感软糯滑爽，味道清香

知识拓展

鱼的选用可以多样化。

 ○·○ **原 材 料** ○·○

主副料 鲩鱼1条（约750克），哈密瓜50克，草莓20克，奇异果20克，红萝卜10克

料 头 蒜蓉5克，姜花3克，葱度5克

调味料 精盐5克，味精3克，胡椒粉3克，芝麻油5克，淀粉10克，食用油1500克（耗油50克）

工艺流程

1 鲩鱼出骨取肉制成鱼胶，挤成小鱼丸即鱼果，用水煮至刚熟，把副料分别切成与鱼果相配的小方粒。

2 起镬先将鱼果泡油至刚熟，再与副料一同混炒，加入汤汁、调味料，猛火快速翻炒成熟，用淀粉勾芡，加上包尾油上盘、造型即成。

技术关键

鱼胶制作。

醋熘鱼

名菜故事

客家人靠山吃山，靠水吃水，河塘之鲜常作为客家风味菜食材。所谓"无鱼不鲜"，醋熘鱼的烹制依然体现着客家菜原汁原味的风味。醋熘鱼既是下酒佳肴，也是宴席常见主角。

烹调方法

炸法

风味特色

味道鲜美，清香可口

知识拓展

鲢鱼味甘，性平，无毒，其肉质鲜嫩，营养丰富，是较宜养殖的优良鱼种之一，为我国主要的淡水养殖鱼类之一。

·○ 原 材 料 ○·。

- **主副料** 鲢鱼1条（约1000克），萝卜丝100克，淀粉50克
- **料 头** 姜丝15克，蒜蓉10克，葱丝30克
- **调味料** 精盐5克，生抽5克，绍酒10克，醋甜汁25克，食用油2000克（耗油100克）

工艺流程

1 鲢鱼去除内脏，洗净，在鱼背划割几刀，用精盐和绍酒均匀地涂在鱼身内外，拍上干淀粉。

2 炸内烧油至180℃时投入鱼身，转中火将鱼炸成金黄色后捞出切块，摆入盘中。

3 烧热炒镬，用食用油滑镬，放入葱丝、蒜蓉、萝卜丝、醋甜汁、生抽、姜丝略煮后调入淀粉勾芡，加尾油，淋在鱼身上即可。

技术关键

干淀粉要拍均匀，防止炸鱼的时候颜色不一。

石扇鱼焖饭

名菜故事

石扇鱼焖饭是梅县区石扇特色美食，也是梅州客家美食中极具代表性的美食。石扇鱼焖饭重点不在鱼与米饭的结合，而在于鱼血与米饭的完美结合，形成独具风味特色的"鱼焖饭"。

烹调方法

焖法

风味特色

口感软糯爽滑，味道鲜美，鱼香味浓郁

○ ○ 原 材 料 ○ ○

主副料	鲩鱼1条（约750克），大米300克
料 头	葱花10克
调味料	精盐6克，味精3克，胡椒粉2克，鱼露3克，猪油20克

工艺流程

1 大米用清水浸泡后洗干净，沥干水分。

2 鲩鱼取血，放入大米中搅和，然后宰净鲩鱼，斩成段，拌入盐腌制。

3 取一个大砂煲，放入大米，加适量水，用慢火焖煮至八成熟时，再加泡过油的鱼肉，调入调味料，继续焖焗至大米和鱼肉刚熟时加入猪油、胡椒粉、葱花，拌和，原煲上桌即成。

技术关键

1. 要选新鲜鲩鱼。
2. 鲩鱼血要放干净，并与大米充分搅和。
3. 焖制时注意掌握好火候。

香汁炒石螺

名菜故事

石螺是客家地区常见的食材，圳渠之中尤为常见。客家人将石螺或田螺配以金不换、糟汁等本土常见配料、调味料，形成了独具风味特色的菜肴或小吃。

烹调方法

焖法

风味特色

口感鲜爽，弹性好，味道香浓，微辣

○○ (原)(材)(料) ○○

主副料　石螺500克，金不换5克

料　头　蒜蓉3克，姜末5克，红辣椒末6克

调味料　精盐3克，味精4克，白砂糖5克，绍酒适量，食用油30克

工艺流程

1 石螺用铁钳夹去螺尾，洗干净，用沸水煮至六成熟，捞起沥干水分。

2 起油镬，下姜、蒜爆香，再下红辣椒、金不换、石螺、绍酒，用猛火快速翻炒后加入少量汤水，调入调味料，用中火略炒后推入淀粉勾芡，加包尾油装盘即可。

技术关键

掌握煸炒过程中的火候。

知识拓展

螺有石螺、田螺、山坑螺等多种，每一种都有各自风味。

畲江田螺煲

名菜故事

田螺煲是一道让男女老少倾倒的美食，已成为梅州客家人宵夜的必点菜。其中，梅县区畲江镇的田螺煲最为地道。田螺虽然来自田间或水塘，不必特别照料和饲养，但如今成了畲江镇乃至梅州大大小小饭店的招牌菜。

烹调方法

煲法

风味特色

口感清爽嫩滑，味道香浓鲜美

知识拓展

田螺是典型的高蛋白、低脂肪、高钙质的天然食品，在贝类中，田螺的营养最高，脂肪最低，含有丰富的维生素A、蛋白质、铁和钙，堪称贝类中营养的翘楚。

○ ○ 原 材 料 ○ ○

主副料 田螺750克，五花肉200克，猪肺150克，猪粉肠150克，苦瓜100克，石扇咸菜100克，黄豆50克，猪骨200克，汤水1 500克，金不换10克

料 头 蒜蓉20克，姜片10克，姜蓉10克，葱末5克

调味料 精盐5克，味精3克，胡椒粉2克，酱油5克，食用油50克

工艺流程

1 田螺用钳子或大剪子把尾部的内脏剪掉，飞水，沥干水分备用。

2 黄豆洗净，苦瓜切块备用，五花肉切块爆炒至金黄出油捞出，猪骨、猪肺、粉肠、石扇咸菜分别飞水捞出。

3 飞水后的田螺和副料倒入砂锅中，加满水，放入胡椒粉、姜片等调味料，慢火熬制1.5小时，出锅前放入苦瓜、粉肠、金不换即可。

4 姜蓉、蒜蓉、葱末混匀，加入酱油，淋上滚油，制成蘸料。

技术关键

选用上好的田螺，肉码要足，注意掌握煲制火候。

松口鱼散粉

名菜故事

鱼散粉源自具有千年历史的梅州松口古镇，是当地特色传统美食之一。松口临江，过去人们常常以捕鱼为生。刚开始，松口人只是将鱼与米粉一起食用。后来，经过改良做成了口感和口味都别具一格的"松口鱼散粉"。松口鱼散粉已成为松口镇家家户户都会做的一道美食，是招待客人的一道家常菜。"鱼散粉"的"散"有两层含义：一是指将鱼肉剁碎，炒出零零散散的鱼肉末，二是指要将米粉炒得劲道、松散、不焦煳。

烹调方法

炒法

风味特色

口感清爽嫩滑有弹性，味道浓郁，糟香味突出

○·○ 原 材 料 ○·○

主副料	米粉400克，鲮鱼250克
料 头	蒜蓉10克，姜蓉15克，葱末5克，炸姜末适量
调味料	精盐5克，味精3克，胡椒粉5克，酒糟20克，食用油30克

工艺流程

1　米粉用清水泡开，沥干水分，新鲜鲮鱼连骨一块剁成蓉状。

2　起油镬，煸香鲮鱼蓉，加入酒糟、姜蓉、蒜蓉爆香，再加入调味料、米粉，不停煸炒，让米粉与鲮鱼蓉充分融和，米粉成熟不焦煳，撒上葱花，拌匀即成。

技术关键

炒制时要煸炒出鲮鱼、酒糟的香味；炒粉时注意火候控制和手法运用，要不停地翻炒，防止炒煳，而且要让鲮鱼肉与米粉充分融和。

知识拓展

使用的酒糟，要选用松口本地客家酿制的。鱼散粉这道菜，酒糟起到了去腥，增加香味、鲜味和调色的作用。

艾根煲老鸡

名菜故事

客家人南迁至岭南山区，靠山吃山，靠水吃水，在日常生活中善于用山野之根与自己养的家禽家畜来调理身体。艾根与老鸡煲汤能够调理身体内所有寒湿引起的不适，如腹部冷痛、经寒不调等。

烹调方法

煲法

风味特色

汤色清澈，味道香浓，营养丰富

°○ 原 材 料 ○°

主副料 老母鸡1只（约750克），汤水1500克，艾根200克

料 头 姜10克

调味料 精盐8克，味精3克，食用油30克

【工艺流程】

1 老母鸡宰好斩件，艾根洗净切成段。

2 起镬下少量油，下姜爆香，下鸡件煸炒后调味，转入砂煲煲60分钟，原煲上桌即成。

【技术关键】

选好料，鸡件要煸炒去血水、增香，注意掌握火候。

【知识拓展】

艾草根煲鸡汤可以调经、补血、祛风暖胃、清热解毒，又可以平抑肝火、祛风湿、消炎、镇咳。

红曲炖鸡

   ○·○ **原 材 料** ○·○

主副料 嫩鸡1只（约250克），红曲20克，汤水
300克

调味料 精盐5克，味精5克

工艺流程

1 宰净的鸡斩件，用沸水飞水，红曲用冷水浸
泡、洗净。

2 取汤盅，下入鸡块、红曲、汤水和调味料，放
入蒸笼中隔水蒸约60分钟即成。

技术关键

掌握好蒸制时间。

知识拓展

红曲以籼稻、粳稻、糯米等稻米为原料，用红曲
霉菌发酵而成，呈棕红色或紫红色，米粒性甘，
味温，具有健脾消食、活血化瘀的功效。

名菜故事

红曲是梅州客家人常用烹调
用料，既可让菜品充满喜庆
之色，又能提高菜肴的风味
特色，而且具有一定的营养
价值。在梅州客家菜肴中，
很多均运用了红曲。红曲炖
鸡，用料简单，营养价值
高，是一道深受客家人喜爱
的菜肴。

烹调方法

炖法

风味特色

汤色清澈，味道清鲜

开锅肉丸

名菜故事

开锅肉丸是客家人逢年过节和婚宴喜宴上不可或缺的一道佳肴，以梅县丙村镇最为出名。在客家话中，"丸"与"圆"谐音，加上肉丸形似圆球，一直被视为"圆满"的象征。对客家人来说，开锅肉丸不仅仅是一道家常菜，还是劳动人民智慧的结晶，更是保存在岁月中的情感和记忆。

烹调方法

蒸法

风味特色

肉香浓郁，爽滑软糯，原汁原味

知识拓展

开锅肉丸以其独特的风味和质感深受消费者喜爱，已被列为梅州市市级非物质文化遗产保护项目。

 ○ 原 材 料 ○ ○

主副料 鬃头瘦肉500克，木薯淀粉175克，干鱿鱼须25克，干虾米20克

料 头 葱白5克

调味料 精盐10克，味精3克，胡椒粉2克，食用油20克

工艺流程

1 新鲜刚宰鬃头瘦肉切成粒状。

2 干鱿鱼须、干虾米用水浸泡软后洗净、吸干水分，切成末，放入油镬中炒香后拌入切好的瘦肉中，加入木薯淀粉，调入调味料，拌入葱白后挤成小圆球状。

3 将挤成小圆球状的肉料放入蒸笼用猛火蒸12~14分钟出锅即成。

技术关键

选用新鲜鬃头瘦肉，注意原料配比和蒸制火候。

上汤鸡

名菜故事

客家上汤鸡采用了蒸的烹调法和扣的手法，将蒸熟的鸡肉出骨、再砌回"鸡"形，凸显了菜肴风味特色。

烹调方法

蒸法

风味特色

口感嫩滑鲜爽，味道清新。

○ ○ 原 材 料 ○ 。

主副料 嫩鸡1只（约750克）

料 头 姜片10克，葱白丝5克

调味料 精盐10克，味精5克，芝麻油5克

工艺流程

1 鸡宰净，鸡腔内外涂上盐、味精，放入蒸笼蒸约15分钟至刚熟，取出涂上芝麻油，放凉。

2 去骨取肉，保持鸡皮完整，取出肉后切成件，鸡皮朝碗底，砌放在碗中，垫入斩件的鸡骨，翻扣在窝盘中，放入葱白丝，原汁打芡淋上即成。

技术关键

掌握好蒸制火候。去骨取肉要保持鸡皮完整。

茶叶炖鸡

名菜故事

烹调方法

炖法

风味特色

汤清见底，回甘醇厚，香气浓郁

知识拓展

茶叶是客家地区常用烹调辅助原料，可用鲜茶叶，也可用干制茶叶。

 ○ ○ 原 材 料 ○ ○ ·

主副料 光鸡100克，鲜茶叶10克

料 头 姜片5克

调味料 精盐5克，味精3克，茶叶汤水300克，食用油20克

工艺流程

1 宰好的光鸡斩成小件。

2 鲜茶叶洗净，留一片待用，其余用飞水并漂洗干净，再放入汤水中用慢火熬出茶叶汤汁。

3 起油镬，放入姜片，清水开后放入鸡件滚煨，取出鸡件放入炖盅。

4 炖盅加入熬好的茶叶汤水，调好调味料，放上一片鲜茶叶，上蒸笼隔水炖45分钟即成。

技术关键

1. 鲜茶叶一定要先飞水再放汤水慢火熬制茶叶汤水。

2. 注意汤水与茶叶比例，一般要求500克汤水配10克鲜茶叶。

3. 炖制时间要足够。

香葱油焗鸡

名菜故事

香葱油焗鸡有别于粤菜系中"焗"的烹调法。在客家地区，焗是将一些腌料放在主料密闭的空间里进行腌制，让腌料的味道与主料融为一体的烹调方法。香葱油焗鸡的烹调法不同于盐焗鸡的烹制。

烹调方法

蒸法，炸法

风味特色

口感酥脆嫩滑，味道清香

原 材 料

主副料	光鸡1只（约750克）
料 头	姜片20克，葱条20克
调味料	精盐10克，味精3克，白砂糖6克，生抽10克，老抽3克，花椒10克，八角1.5颗，酒20克，食用油1500克（耗油50克）

工艺流程

1 光鸡洗净，用刀划破鸡眼球，以免炸制时眼球破裂导致油溢出伤人。

2 酒及调味料涂擦在鸡腔内外，花椒、八角、姜、葱填入鸡腔内，腌制1小时。

3 腌好的光鸡放入蒸笼中蒸约18分钟至刚熟取出，去掉姜葱，放入150℃油镬中浸炸至金黄色、外表香酥时捞起放凉，斩件、摆成原只鸡形，原汁打芡淋在鸡肉上即成。

技术关键

掌握好蒸制火候、炸制火候。

凤凰投胎

名菜故事

凤凰投胎是独具特色的客家传统美食，具有很高的营养价值。猪肚，客家人形象地比喻为"胎"，鸡，即"凤凰"，因此用猪肚包住鸡，就叫"凤凰投胎"。相传在清朝，康熙帝的宜妃生完太子后，身体虚弱，毫无胃口，御膳房便将民间做鸡汤的做法加以改进，将整只鸡放进猪肚内，加入名贵药材，宜妃吃后胃口大开，于是，这道菜便在民间流传下来。

烹调方法

炖法

风味特色

汤色清澈，口感爽滑脆嫩，味道浓郁鲜美

知识拓展

用此种做法，猪肚可填入乳鸽、香肉，增加特色风味。

·○ 原 材 料 ○·

主副料 嫩鸡1只（约800克），猪肚1只，胡椒仁50克，汤水1000克

料 头 姜片10克，葱条10克

调味料 精盐8克，味精5克

工艺流程

1 原只猪肚洗净，把宰后、洗净的原只鸡填入猪肚中，用草绳封好，随即放入沸水中略滚，然后用竹签在猪肚表面戳几个小孔放气，放入汤盅中，加入汤水、姜、葱、胡椒，调入调味料，加盅盖盖紧，入蒸笼用中火炖2.5小时。

2 取出猪肚，去掉姜、葱，撇去汤面浮沫，取洁净毛巾把汤滤过，使汤汁纯清，再把猪肚放回盅内，倒回滤出原汤，加盖继续用中火炖30分钟即成。

技术关键

掌握炖汤过程中的火候及处理方法。

姜芽嫩鸭

名菜故事

子姜（嫩姜）配子鸭（嫩鸭），是客家人夏秋之际的一道美食。子姜鲜嫩爽口，子鸭肉质鲜嫩，用子姜的微辣去除子鸭的腥味，突出鸭肉的鲜味，两者相得益彰，铸就了这道菜肴的独特风味。

烹调方法

炒法

风味特色

口感嫩滑爽口，味道清鲜

原材料

主副料	嫩鸭1只（约750克），子姜250克
料　头	金不换叶数片，蒜仁50克
调味料	酒糟1匙，绍酒10克，酱油5克，精盐3克，淀粉6克，食用油50克

工艺流程

1　嫩鸭宰好斩成块状，用淀粉拌匀。

2　蒜仁、姜、糟用油炒香后，随即下鸭肉块爆炒至血干，放入配料、汤水，调入调味料，用中火炒熟后，用淀粉勾芡，起镬时将切好的金不换叶放入，其味更佳。

技术关键

掌握好炒子鸭的火候。

糯米莲子窝鸭

名菜故事

糯米莲子窝鸭类似于淮扬菜的八宝全鸭，进一步证明了客家菜具有客家人在迁徙过程中吸收其他菜系菜肴制法，并根据本地物产对烹饪方法加以改进的特点，充分体现了客家菜的包容性和创新性。

烹调方法

蒸法

风味特色

口感软糯，味道香浓

主副料 活鸭1只（约2500克），莲子50克，冬菇25克，糯米100克，鱿鱼（或虾米）50克，瘦肉150克

调味料 精盐5克，味精2克

工艺流程

1 活鸭宰净，先在颈背开刀出骨，然后从两翅逐步出骨（出骨后保持原只）。

2 副料拌匀填入鸭内膛，用水草绑好破口，放入镬内用清水煮至五成熟。

3 将鸭捞起放入碗内，用蒸笼蒸90分钟，取出复碗，原汁打芡淋上即可。

技术关键

掌握取全鸭技术，煮、蒸的火候把握好。

冬笋猪脚焖土番鸭

名菜故事

客家人每逢过年都有入祠堂祭祀先祖的习惯。在梅州蕉岭，祭祀先祖用的"三牲"都有一大块刀肉，用刀肉加上猪脚与家番鸭，再用山区特有的新鲜冬笋，烹制出浓浓的年味，是招待亲戚朋友的上等"年货"。

烹调方法

焖法

风味特色

口感软滑，味道浓郁，肥而不腻

知识拓展

此道菜选用农家大土番鸭，可以分多次食用，食用时舀出来加热即可。

原材料

主副料	土番鸭1只（约2500克），猪脚1只，五花肉（或刀肉）750克，净冬笋300克，墨鱼干100克，冬菇50克
料头	姜片25克
调味料	精盐13克，味精3克，胡椒粉3克，生抽15克，食用油50克

工艺流程

1　洗净的土番鸭、猪脚斩件，五花肉、冬笋切片，干墨鱼泡发后切成小块，冬菇泡发后切件。

2　起油镬，爆香姜片、墨鱼，下主料、副料煸香，加入酱油略加翻炒，加汤水（过面），调入其他调味料，煮沸后转入砂锅中焖至鸭肉、猪脚熟透。

技术关键

选用农家土番鸭，焖制注意掌握好火候。

汽腾鸭

名菜故事

汽腾鸭其实是以鸡屎藤为配料的一种菜肴。烹调法为蒸，因为有蒸汽腾出，形象地称之为"汽腾鸭"。

烹调方法

蒸法

风味特色

汤色清澈，味道芳香，风味独特

技术关键

掌握好蒸制火候。

。○ 原 材 料 ○。

主副料 光鸭1只（约750克），鸡屎藤100克，汤水800克

料　头 姜片10克

调味料 精盐8克，味精5克

工艺流程

1 宰好的光鸭洗净，用沸水飞水，捞起用清水漂洗净血污。

2 鸡屎藤用温水浸泡回软、洗净，切成小段，与鸭一同放进汤盅中，加入滚沸汤水、姜片和调味料，用纱纸封面加盖，上蒸笼蒸约2小时即成。

知识拓展

鸡屎藤叶用手揉烂，初闻有一股鸡屎味，故得此名，但久闻有一股沁人肺腑的清香。鸡屎藤根具有驱风镇咳、祛痰止泻、治疗感冒的作用。用此种烹调方法，原料可改用鸡肉、猪肉等进行烹制。

盐水白切鸭

名菜故事

盐水白切鸭是梅州丰顺的一道传统特色菜肴。选用丰顺本地鸭种，肉质细嫩，皮质爽脆，润滑清甜，无膻味。

烹调方法

浸法

风味特色

口感爽嫩，味道清香，蘸料味道独特

○ ○ (原) (材) (料) ○ ○

主副料	光鸭1只（约750克），清水1500克
料 头	蒜末20克，姜末10克，金不换叶120克
调味料	精盐50克，味精5克，食用油10克

工艺流程

1 清水放入镬中，加入45克盐制成盐水，待煮至微沸时放入光鸭，用慢火浸至刚熟，取出放入冷开水中过凉，吊起晾干，切件装盘。

2 金不换叶切碎，与蒜蓉一起拌和，淋入滚沸食用油上碟作佐料；姜末加入盐、味精拌匀，淋入滚沸食用油上碟；作另一种风味佐料。

技术关键

掌握浸制火候，熟后要过凉水。

葱蒜香糟腌百叶

名菜故事

糟汁是客家娘酒酿制后的剩余产物，是梅州客家人常用的菜肴原料。糟汁与牛百叶结合，可以去除百叶的不良气味，增加菜肴的风味特色。

烹调方法

凉拌（腌）

风味特色

口感爽脆，味道香浓

技术关键

选料要新鲜，牛百叶飞水注意掌握火候，料头要爆香。

○·○ 原 材 料 ○·○

主副料 牛百叶500克

料 头 蒜蓉15克，姜丝10克，葱花5克，糟汁10克

调味料 精盐5克，鱼露3克，食用油20克

工艺流程

1 牛百叶洗净切成条状，放入滚沸汤水中飞水至刚熟，吸干水分，上盘。

2 起镬，放入少量油，下姜丝、蒜蓉、糟汁煸炒，加入调味料、葱花爆香后制成汁茨淋在牛百叶面上即成。

客家陈醋香菜拌牛肉

名菜故事

陈醋香菜拌牛肉原为北方菜。其原来是香辣拌熟牛肉，咸鲜味、肉酥熟，原味醇香，佐料自蘸。客家人从中原迁至南方，仅保留中原饮食风味习俗，把凉拌汁运用到南方地区的烹饪食材中。客家人素有吃新鲜牛肉的喜好，故将凉拌汁与新鲜牛肉烹制改良成为适合客家人口味、口感的特色菜肴。

烹调方法

拌法

风味特色

香气浓郁，口感嫩滑，酸香可口

知识拓展

这道菜肴是中华餐饮名店金苑酒家的名菜之一。经多年的烹制，凉拌汁已标准化调制，可选用其他原料变通烹制香拌牛皮、鸡肾、鸡爪等菜肴。

∘ ∘ 原 材 料 ∘ ∘

主副料 牛肉300克，芫荽段150克

料 头 蒜苗片25克，蒜子片10克，青尖椒角10克，红尖椒角10克，原条芫荽2棵

调味料 白砂糖8克，生抽3克，陈醋45克，辣鲜露3克，李锦记凉拌汁4克，芝麻油5克，自制辣椒油5克，食用油1000克（耗油30克）

工艺流程

1 调好陈醋香拌汁：料头、调味料调拌均匀，放置8小时后可使用。

2 新鲜牛肉切成4厘米×3厘米的薄片，腌制好后封大豆油。

3 猛火阴油，将牛肉泡油至刚刚熟倒起控油。

4 将100克的调味料及腌制好的料头30克放于不锈钢盆内，加入150克芫荽段，把泡油刚刚熟的牛肉放入盆内，均匀搅拌入味。再将成品连汁倒于盘内整理好即可。

技术关键

1. 陈醋香拌汁调好后要放置8小时。
2. 牛肉要用木瓜汁腌制，加入少许干淀粉使其水分不流失，封好油。
3. 牛肉泡油时要猛火阴油，使牛肉不粘锅。

脆炸水晶肉

名菜故事

水晶肉利用甜味降低肥肉的油腻，提高菜肴风味特色，利用脆浆炸进一步增加菜肴的酥脆，使两种不同口感的菜肴元素互相碰撞，让味蕾得到最大限度的享受。

烹调方法

炸法

风味特色

色泽金黄，口感香脆，味道浓郁

○○ 原 材 料 ○○

主副料 肥膘肉300克，脆浆150克，花生方糖（豆沙）150克，白砂糖100克

调味料 白砂糖100克，绍酒10克，食用油1000克（耗油50克）

工艺流程

1　肥膘肉煮至刚熟，去猪皮，切成薄细双飞片，放入绍酒、白砂糖腌制12小时。

2　腌好的肥肉夹入花生方糖或豆沙，扣在碗中，放蒸笼蒸至刚熟。

3　蒸熟水晶肉挂上脆浆，用150℃油浸炸至金黄色、酥脆即可。

技术关键

加工肥肉片注意掌握好厚度，腌制时间要足够，注意掌握蒸制、炸制的火候。

客家香卤肉

名菜故事

客家人早期由中原迁至南粤各地，为了方便食物的储存和食用而制作卤肉。客家人的卤味简单质朴。香卤肉是客家人逢年过节常用的一道美味菜肴。

烹调方法

卤法

风味特色

口感嫩滑，味道香浓

○ ○ 原 材 料 ○ ○

主副料 猪肉

调味料 花椒、八角、沙姜、丁香、桂皮各25克，豉油500克，红糖200克，糯米酒1000克

工艺流程

1 香料捶碎，用纱布包好，与生抽、红糖、糯米酒一并放入大钵或生铁锅内用慢火煮沸。

2 猪肉刮洗干净，放入卤味内煮15~20分钟，将肉取出切好装盘，淋少许卤味汁即成。

技术关键

掌握好卤味的制法。

豆豉炒苏肚

名菜故事

客家人喜吃内脏，也善于吃内脏。选用新鲜猪肚，经过刀工处理、火候运用，能够做出鲜爽脆嫩的菜品。

烹调方法

炒法

风味特色

色泽清新，口感爽脆，味道清香

主副料 猪肚350克，豆豉10克，纯碱10克，马蹄50克，淀粉5克

料 头 蒜头15克，生辣椒少许

调味料 精盐3克，味精5克，食用油1000克（耗油30克）

工艺流程

1 猪肚洗净，用刀划成指头大小条状井字花块，用纯碱水腌3小时，再用清水漂净，吸干水分。

2 起油镬，用180℃油将猪肚泡油至九成熟捞起、沥去油。

3 起油镬，下蒜头、豆豉、马蹄、猪肚，加汤水、调味料，用淀粉勾芡快速炒至刚熟上盘即成。

技术关键

注意掌握猪肚泡油、炒制的火候。

三、客家地方风味菜

胡蒜焖肉

主副料	五花肉300克，胡蒜300克（蒜叶除去）
调味料	精盐2克，生抽10克，娘酒10克，鱼露5克，红曲0.5克，食用油30克

名菜故事

胡蒜是季节性食品，在冬季，梅州客家地区均有种植，取其头部，配上五花猪肉，利用肉的油脂消除胡蒜头的蒜腥味，使胡蒜焖肉成为一道味道鲜美、深受客家人喜爱、家家都能制作的家常菜。

工艺流程

1　猪肉煮熟捞起，切成小长方块。

2　起油镬，下猪肉煸炒，下调味料、胡蒜、汤水，转入砂煲中用中火煲焖至猪肉软烂即成。

技术关键

注意掌握煲焖火候。

知识拓展

胡蒜是客家地区"蒜"的一种，主要以新鲜"蒜头"为食用部分。

烹调方法

焖法

风味特色

口感软糯，味道浓香

花生哔猪脚

名菜故事

花生与猪脚，看似不沾边的两种原料，在客家人的餐桌上却成为舌尖美味。花生与猪脚一同焖制，为什么客家人常称之为"哔"？应该与味与味之间的融合渗透有关，如：客家人做酒叫"哔酒"，就是把糯米中的制酒元素"哔"出来。花生哔猪脚，就是把花生与猪脚的味道"哔"出来，相互交融，形成一道美味。

烹调方法

焖法

风味特色

口感软糯而富有弹性，味道浓郁

○ ○ 原 材 料 ○ ○

主副料 猪脚700克，花生100克，蒜仁30克

调味料 精盐10克，味精5克，白砂糖5克，生抽15克，食用油30克

工艺流程

1 猪脚洗净斩件，花生用温水泡透，然后把猪脚放入高压锅加少量水压5分钟，取出。

2 起油镬，下蒜仁爆香，加入猪脚、花生煸炒，下汤水、调味料，转砂锅用中火焖至腍软即成。

技术关键

猪脚初步熟处理、砂锅焖制时注意控制好火候。

酥烧肉

主副料	去皮猪肉300克，瓜片50克，面粉150克，鸡蛋1个，清水100克
料　头	葱花15克
调味料	白砂糖150克，食用油1000克（耗油30克）

名菜故事

在梅州，酥烧肉是一种传统菜品。以往，逢年过节家家户户都要做这道美味菜肴，用于下酒佐食。用甜味中和猪肉的油腻，再裹上面糊炸制，让菜品口感更好。

烹调方法

炸法

风味特色

口感酥脆，味道甜香，肥而不腻

工艺流程

1　去皮猪肉原块煮熟，切成鸳鸯块状，瓜片夹进猪肉内。

2　面粉、鸡蛋、水拌匀成鸡蛋糊，每块猪肉均匀涂上蛋糊后放入油镬中炸成金黄色捞起。

3　起油镬，加白砂糖、少量水，用慢火煮溶，用铁勺不停搅拌至半糖半浆起针状小泡点时，放入炸好的猪肉块快速翻炒，撒上葱花，装盘即成。

技术关键

注意掌握好炸制猪肉块、炒糖浆时的火候。

酥炸杨梅丸

名菜故事

杨梅丸是梅县松口镇的一道
家常菜。因制作出来的菜肴
形似杨梅，故得名。

烹调方法

炸法

风味特色

口感酥脆爽滑，味道香浓

○ ○ 原 材 料 ○ ○ ·

主副料 五花肉250克，地瓜粉100克，萝卜丝50
克

料 头 葱花10克

调味料 精盐5克，味精3克，食用油1000克（耗
油30克）

工艺流程

1 五花肉切成粗丝，拌入地瓜粉、萝卜丝、葱
花、调味料，挤成小圆球状。

2 起油镬，用150℃油起炸，将肉丸炸至酥脆、
熟透即成。

技术关键

掌握好炸制火候。

糟汁咸菜焖兔肉

名菜故事

糟汁是客家人常用菜肴配料或调味料。咸菜选用梅州具有传统客家风味的石扇咸菜。两种原料与兔肉结合，彰显了客家传统菜肴的特色风味。

烹调方法

焖法

风味特色

口感嫩滑，味道浓郁，咸菜、糟汁香味与兔肉香味很好融合渗透

○ · ○ **原 材 料** ○ · ○

主副料 兔肉500克，咸菜50克，红薯淀粉10克，糟汁10克

料 头 蒜仁8克

调味料 精盐3克，味精3克，胡椒粉2克，白砂糖4克，蚝油5克，芝麻油5克，绍酒适量，食用油1000克（耗油50克）

工艺流程

1 兔肉斩切成小件，咸菜切段，兔肉拌入少量盐、红薯淀粉腌制。

2 起镬放入油，用中火将兔肉泡油至五六成熟捞起。

3 镬放回下点油，下蒜仁爆香，下咸菜、兔肉、蚝油翻炒，烹入绍酒，加汤水，调入调味料焖透，转入砂锅，略焖后用淀粉勾芡加尾油、芝麻油即成。

技术关键

兔肉泡油火候把握及砂锅焖制火候的把握。

酿猪肚

名菜故事

酿是客家人常用的菜肴制作手法。酿猪肚是客家人待客的一道家常菜肴，也体现了客家人吃粗吃杂的饮食传统。

烹调方法

蒸法

风味特色

口感爽嫩有弹性，味道清香

技术关键

馅料制作、酿制成型、蒸制火候。

主副料　猪肚500克左右，瘦肉200克，鱼肉50克，冬菇5克，鱿鱼15克

调味料　精盐5克，胡椒粉2克，味精3克，淀粉8克

工艺流程

1　猪肚洗净煲熟，切成长形块，中间切开（半弯形）；瘦肉用锤刀捶烂，鱿鱼、鱼肉切成丁，加上配料拌匀后酿进猪肚块内。

2　酿好的猪肚蒸熟，用碗装好（冬菇放在碗底），食用时加原汤并用淀粉勾芡、加尾油即成。

知识拓展

酿菜具有多样化特点，除传统的酿豆腐、酿苦瓜、酿茄子、酿青椒以外，还有很多食材都可以制作酿菜，如淮山、冬菇、豆角、猪肚、节瓜等。

金牌焗骨

名菜故事

金牌焗骨由京都焗骨演变而来。相传，有位客家人在杭州做官，喜欢当地的京都骨。回老家后甚是想念这道菜肴，便教家厨尝试烹制，经过多次改良，终于适合客家地区的口味。此道菜在客家菜项目比赛中获得"金牌菜"殊荣。在海峡两岸菜品交流中亦获得金牌奖项。

烹调方法

焗法

风味特色

成品色泽红润，咸鲜微甜，口感软糯

知识拓展

金牌焗骨是中华餐饮名店金苑酒家保留将近30年的招牌菜之一，在生产中已经实现标准化、量化生产制作。在此基础上可选用其他原材料变通制作别具风味的菜式，如焗猪手、焗鹅等菜肴。

原 材 料

主副料 猪排骨800克

料 头 姜片8克，葱白度8克

调味料 精盐5克，粗白砂糖150克，冰糖50克，致美斋桂花噫汁200克，红曲米碎10克，梅州娘酒20克，梅羔酱50克，食用油30克

工艺流程

1 猪排骨斩成7厘米×3厘米的长方块，洗净。

2 姜片、葱白度在油镬煸香，将排骨落镬炒香，调入800克清水。

3 调入调味料（梅羔酱需煮20分钟后下镬）煮开后改小火煮20分钟。

4 小火慢慢将汁水收稠，收汁时要用镬铲慢慢翻动并注意火候掌握。收至起胶状时去除姜片、葱白度，装盘即可。

技术关键

1. 选取上等的猪排骨，斩件要均匀。
2. 糖分较多，收汁时注意火候变化，以免烧煳。

艾叶香肉煲

名菜故事

香肉，即狗肉，是梅州客家人常见的食材，具有温补肾阳的作用。在客家人传统食谱中，香肉有多种烹调法，可焖、可煮、可焗，还可以汆汤等。艾叶香肉煲是最常见的制法之一。

烹调方法

焖法

风味特色

口感爽嫩，味道香浓，艾叶香味浓郁

原 材 料

主副料	香肉500克，艾叶200克，汤水1000克
料 头	姜蓉50克
调味料	精盐10克，味精3克，生抽20克，红曲20克，娘酒20克，食用油50克

工艺流程

1 香肉斩件，用沸水飞水，捞起漂洗血水，滤干水分。

2 起油镬，下姜蓉、香肉反复爆炒，煸炒至香肉干身，加入娘酒、汤水、红曲，调味转入砂锅，用中火煲至香肉变软时加入艾叶，略微煲透后原锅上桌。

技术关键

掌握香肉的初步熟处理方法。掌握炒制、煲制时的火候。

三、客家地方风味菜

松口甜羊肉

名菜故事

甜羊肉是松口古镇的客家传
统美食。羊肉是冬至进补的
佳品,梅州客家人有"冬至
吃羊肉、夏至吃香肉"之习
惯。每年的冬至,梅州客家
人都有吃甜羊肉煲的习俗,
而松口一年四季都有吃羊肉
的习俗。

烹调方法

煲法

风味特色

甜甜的羊肉中带有淡淡的酒
味,不肥不腻;羊肉芳香可
口,不膻不燥

○ ○ 原 材 料 ○ ○

主副料	山羊肉750克,客家娘酒1000克,红枣100克,党参100克,当归50克
料 头	姜片50克
调味料	精盐3克,冰糖50克,食用油50克

工艺流程

1 羊肉用沸水飞水,漂去血污,沥干水分。

2 起油镬,下姜片煸香,下羊肉炒至羊肉干身、
透出香味,下娘酒、红枣、党参、当归、调味
料,煮开后转砂煲用慢火煲1.5小时至羊肉脍
软即可。

技术关键

选用本地羊、本地娘酒,注意烹制过程中火候把
握。

（二）河源风味菜

万绿煎焖鱼

名菜故事

鲩鱼是我国四大家鱼之一，又叫草鱼，其含有丰富的硒元素，对抗衰老、养颜有一定作用；对于身体瘦弱、食欲不振的人来说，鲩鱼肉嫩而不腻，可以开胃、滋补。

烹调方法

煎焖法

风味特色

鱼块成形不烂，色泽有酱油和蚝油色，肉质嫩滑浓香

◦○ 原 材 料 ○◦

主副料	鲩鱼1条（约1000克）
料 头	蒜子50克，大姜片50克，葱度30克，蒜子50克，青圆椒块30克，红圆椒块30克
调味料	精盐6克，生抽10克，蚝油10克，味精5克，客家黄酒15克，淀粉10克，淀粉5克，食用油50克

工艺流程

1 鱼宰杀处理干净，改刀成鱼件（宽约3厘米）备用。

2 鱼件用精盐3克、生抽5克、味精3克、客家黄酒10克、淀粉7克、蚝油10克，搅拌均匀，腌制约15分钟，入味后备用。

3 大火烧热炒镬滑油，加适量油，放入鱼件用中火煎至两面金黄，倒出备用。

4 下多点油放入姜片，蒜子炒出香味，倒入煎好鱼块，烹入客家娘酒，下葱度、精盐、生抽、味精及适量的水加盖焖煮2分钟。放入青红椒，加盖约15秒，勾芡收汁，淋入包尾油，出装盘即可。

技术关键

1. 杀鱼要将鱼腹黑膜刮洗干净。
2. 姜片、蒜子要爆香。

知识拓展

选用的鱼肉肉质要紧实，鳞片要刮干净。

和平煮黄鳝拼香芋丸

名菜故事

一方水土滋生一方美味。和平东水人顺应自然，用野生黄鳝、卡头韭菜奠定了东水人的味觉。烹调时，随着本地高山茶油慢慢进入，黄鳝变得丰腴滑润，韭菜有了爽脆的口感，辅之以土鸡蛋、土猪腊肉，不仅造就一种乡土美味，更是带来无穷无尽的滋补想象空间。

烹调方法

煮法

风味特色

丰腴滑润，爽脆

技术关键

1. 香芋丸定型。
2. 黄鳝口感。

知识拓展

古法煮黄鳝讲究是生炒并放入黄鳝血来保持原汁原味。

∘○ 原 材 料 ○∘

主副料 黄鳝200克，香芋200克，鸡蛋50克，腊肉10克，韭菜300克

料 头 鲜姜5克

调味料 精盐5克，味精8克，鸡汁3克，淀粉10克，茶油5克，食用油20克

工艺流程

1 黄鳝杀好去骨切段留血待用。

2 香芋去皮切丝调味。

3 腊肉切小块。

4 香芋丝下底味，包成球形中间放腊肉蒸8分钟至熟。

5 鸡蛋煎蛋皮，切条形。

6 猛火烧镬，将切好的韭菜炒至半熟待用。

7 热镬放料头、腊肉爆香，加黄鳝两面煎炒。

8 加少量黄鳝血、蛋皮和韭菜煮熟，调味装盘。

9 香芋丸围一圈，装盘即可。

生焗万绿湖大头鱼

名菜故事

在河源，餐桌上无鱼则不欢，而这鱼，是万绿湖碧波之下的野生大头鱼，它们在无污染水质里生长，以肉质嫩滑闻名，切成一块一块，辅以佐料生焗，开锅后香味丝丝如烟飘逸而出，让人垂涎欲滴。

烹调方法

焗法

风味特色

肉质嫩滑，鲜香扑鼻

知识拓展

蒸鱼一般采用猛火蒸，且要掌握好蒸制时间，以原料刚熟为佳。

○ ○ 原 材 料 ○ ○

主副料 万绿湖鱼头1250克左右

料 头 蒜头150克，鲜姜200克，红葱头150克，芫荽5克

调味料 精盐5克，味精8克，蚝油10克，生抽3克，淀粉10克，花生油10克，米酒100克，食用油50克

工艺流程

1 鱼头砍件，吸干水分，拌入调味料腌制。

2 砂锅烧热，放入油、蒜头、姜、红葱头，转中小火。

3 待料头炒至金黄色放鱼头，盖好盖。

4 大火焗3分钟后转中小火再焗5分钟。

5 待香气扑鼻时开盖放入芫荽。

6 烹入米酒即可。

技术关键

1. 鱼头大小均匀。
2. 摆放错落有致。

三、客家地方风味菜

75

一篓鲜

名菜故事

河蟹仔、河虾仔、河鱼仔和山坑螺,生于山间小溪,拥有一种素面朝天的鲜美。出身低微的它们经过炙制、油炸、盐烹等,鲜味不仅没消失,反而入口松脆,鲜香经久不散。

烹调方法

炸法

风味特色

松脆鲜香

知识拓展

鲜味的保留才是产品的味道。

○·○ (原) (材) (料) ○·○

主副料 河蟹仔200克,河虾仔100克,河鱼仔150克,山坑螺50克

料 头 鲜姜10克,鲜葱10克

调味料 味椒盐10克,味精10克,绍酒50克,食用油750克(耗油30克)

工艺流程

1 河蟹仔、河虾仔、河鱼仔、山坑螺洗净。

2 放姜葱腌制。

3 油镬烧至七八成热。

4 河蟹仔、河虾仔、河鱼仔、山坑螺炸熟。

5 放入料头爆香,加调味料翻炒。

6 入味出镬装盘即可。

技术关键

炸熟不宜炸干。

炸河（湖）鱼仔

主副料 小河鱼干300克

料 头 姜30克，葱30克，红圆椒20克

调味料 鸡粉3克，白砂糖5克，生抽5克，绍酒
10克，食用油750克（耗油30克）

名菜故事

万绿湖清澈天然的水质孕育
了肉质结实、鱼味鲜美、营
养丰富的野生鱼仔。野生鱼
仔洗干净后自然晾晒烘干，
既保留了鱼的营养价值，且
晒制过程不添加任何防腐
剂，因此深受人们青睐。

烹调方法

炸法

风味特色

酥香味浓

工艺流程

1 鱼干略用水冲洗，去尽杂质。

2 红圆椒洗净去籽切丝，葱洗净切葱度，姜去皮
洗净切片。

3 锅置火上，加油烧至三成热下鱼干炸透倒出。

4 留底油，下葱度、姜片爆香，下鱼干、红椒
丝，烹入绍酒，大火翻炒均匀，放精盐、白砂
糖、生抽、鸡粉调味翻炒，装盘即可。

知识拓展

以野生鱼仔为原料加工而成
的各种口味鱼制品，多以无
烟薰为主要加式方式，味道
以香辣鲜香著称，是河源的
一道名特产。

技术关键

炸鱼干油温不宜过高。

三、客家地方风味菜

万绿湖上汤桂花鱼

名菜故事

桂花鱼又名鳜鱼，被称为
"水中人参"，皮滑骨少，
肉质鲜嫩，盛产于新丰江水
库中。桂花鱼老少咸宜，尤
其适用于气血虚弱体质者。
万绿上汤桂花鱼是河源首届
美食十大名菜之一。

烹调方法

煮法

风味特色

汤奶白色，味鲜甜，肉质嫩
滑

原材料

主副料	万绿湖桂花鱼1条（约500克）
料　头	姜8克，葱5克
调味料	精盐10克，上汤500克，食用油30克

工艺流程

1　桂花鱼宰杀好，对半开成两边。

2　姜切菱形片，青葱切葱花备用。

3　热镬滑油留底油，先将鱼皮面朝下煎至两面金
黄色，加入上汤，放入姜片，加盖大火烧开约
30秒，调入精盐。上桌前撒上葱花即可。

技术关键

1. 刀工要精细。
2. 鱼皮面要朝下先煎。
3. 要加盖并大火持续烧沸至汤汁呈奶白色。

水晶鸡

名菜故事

客家水晶鸡，也叫当归红枣鸡，是客家菜的创新做法。河源菜肴"来一腿"也是此做法。

烹调方法

蒸法

风味特色

质地嫩滑，味道鲜美，香气醇厚

知识拓展

要把握好蒸鸡的时间，蒸的时间过长，鸡肉会不够嫩滑。

○ ○ 原 材 料 ○ ○

主副料 饲养180天以上的走地鸡1只（约1250克），当归3片，红枣5颗，水100克

调味料 精盐3克，鸡粉10克

工艺流程

1 鸡洗干净，去除内脏，沥干水备用。

2 用干净手布吸干水分，将适量鸡粉、精盐擦匀鸡身和内腔。

3 放入当归和红枣，加入100克水，放入蒸柜蒸40分钟。

4 鸡斩件，摆回原形，放入鸡汁装盘即可。

技术关键

1. 鸡要沥干多余水分。

2. 鸡粉、精盐要擦匀鸡身，包括内腔，让其入味。

3. 要把握好蒸鸡时间。

三、客家地方风味菜

茶油蒸滑鸡

名菜故事

茶油是客家山区独有的植物油，胆固醇极低，营养价值高，可将其比作东方的橄榄油。用茶油蒸鸡，突显鸡肉的清甜、滑嫩，且不油腻。

烹调方法

蒸法

风味特色

鸡肉质感嫩滑，味道鲜美，并具有茶油的浓香

知识拓展

茶油蒸鸭烹调工艺可参照茶油蒸鸡，但要注意大火蒸鸭时间约15分钟，且宜淋入20克菜籽油；另外，鸭的腥膻味较重，要多放入点姜块。

   **原 材 料**

主副料 家鸡1只（约1250克）

料 头 姜10克

调味料 精盐5克，茶油20克

工艺流程

1 家鸡宰杀清洗干净后斩成块，鸡杂处理干净备用。

2 姜切成姜丝备用。

3 上述处理好的原料，加入10克茶油搅拌均匀，在陶瓷平碟中均匀平铺。

4 蒸笼烧开上汽后，放入蒸笼大火蒸约5分钟，开盖端出后马上淋入10克茶油即可上桌。

技术关键

1. 茶油不宜一次性加入并久蒸，否则没有茶油香味。

2. 蒸制时要蒸汽上来并有大量蒸汽才能放入蒸制，否则肉质易老。

东江义合鸭

名菜故事

东江义合鸭，又叫油鸭或紫苏鸭，是河源义合的镇镇之宝。义合镇位于东江边，喂养的鸭肉质好。2018年，在东源十大旅游特色美食、客家特色菜评比中，义合鸭被评为"东源十大旅游特色美食"。

烹调方法

蒸法

风味特色

鸭肉鲜嫩滑爽，蘸鸭料浓香有特色

技术关键

1. 宜选用大小适宜的青头鸭。
2. 鸭香料调制味道要准确。
3. 鸭子烫制时要注意翻转，以确保颜色均匀。

知识拓展

根据个人口味，义合鸭可配用蒜蓉、红圆椒、青圆椒等做的蘸酱。

·○ 原 材 料 ○·

主副料	青头鸭1只（约1250克）
料 头	蒜头50克，姜100克，葱20克，红辣椒30克，紫苏叶50克
调味料	精盐5克，生抽20克，白醋5克，食用油200克（耗油50克）

工艺流程

1 鸭子清洗干净，掏干净内脏。

2 姜80克切大片，蒜剁蓉备用。

3 鸭子腹腔和背上放入姜、葱，入蒸柜蒸20分钟至熟备用。

4 20克姜和15克红辣椒剁成细末，放入5克盐和白醋调成酸辣蘸料备用。

5 紫苏叶、红辣椒、蒜头剁成细末，放入盐、生抽，调成香料备用。

6 用大火将镬烧热，放入姜葱爆香，放入整鸭均匀烫制，加适量生抽让鸭子烫至金黄色，出锅斩件，摆回原形，配上蘸料装盘即可。

世纪板鸭

名菜故事

在中国的烹饪辞典里，时间也是一种味道。和平县下车镇山坑放养的优质白鸭，以精盐、高山茶油、生抽、绍酒腌制，阳光生晒，原生态风干，在时间的磨砺下，肉质变得细嫩紧密，变得"干、板、酥、烂、香"，像一块板似的，故名世纪板鸭。世纪板鸭腊味浓香的味道，就是时间的味道，里面藏有山风与阳光，故土与乡情，这种味道，历久弥新。

烹调方法

蒸法

原材料

主副料 白鸭1只（2000克）

料 头 鲜姜250克

调味料 精盐100克，茶油10克，绍酒50克，食用油25克

工艺流程

1 白鸭杀好，拌入盐、绍酒、茶油腌制，风干成腊鸭。

2 姜切丝炸至金黄色。

3 腊鸭洗净、蒸熟、砍件、摆盘。

4 表面撒上姜丝。

5 淋入茶油即可。

技术关键

腊鸭一定要在冬季的北风天制作。

知识拓展

腌制腊鸭干度是关键，八成干最佳。

风味特色

腊味浓香，咸香

茶油焖家鸭

名菜故事

客家地区靠山，人们常用高山茶油烹制菜肴。茶油焖家鸭是一道家常菜，逢年过节，用这道菜招呼亲朋好友可表达主人的热情。

烹调方法

焖法

风味特色

鸭肉质感软嫩，香味浓郁，并具有茶油的独特香味

|原材料|

主副料	家鸭半只（约1500克）
料 头	姜块50克
调味料	精盐15克，味精5克，茶油50克，食用油30克

工艺流程

1 鸭肉斩成块备用。

2 热镬滑油留底油，将鸭肉有皮的一面朝下，煎至金黄色后加入500克的水和姜片，大火烧开后转小火焖至鹅肉软嫩。

3 待汁水将烧干时，加入50克茶油翻炒均匀，调入调味料，加盖焖至收汁即可装盘。

技术关键

1. 鸭肉皮煎至金黄出油，吃起来不油腻。
2. 大火烧开，要转小火慢焖，中途不开盖。

知识拓展

用柴火大镬慢焖，香味更浓郁。

铜盘焗鸡

名菜故事

铜盘导热性强而且受热均匀，可以让鸡肉的香味更为浓郁，且肉汁得以保存。

烹调方法

焗法

风味特色

鸡肉肉质嫩滑，味道鲜甜，具有浓郁的五指毛桃根香味

知识拓展

五指毛桃是一种植物性原料，在客家山区的山上经常能看到。

◦ ○ 原 材 料 ○ ◦

主副料 家鸡1只（约1250克），五指毛桃根须50克

料 头 姜5克

调味料 精盐8克，花生油10克

工艺流程

1 鸡宰杀清洗干净，斩成小块。

2 五指毛桃根须切成约5厘米长，用温水浸泡约5分钟。姜切成薄片。

3 鸡肉、五指毛桃根须、姜、精盐一起搅拌均匀，平铺在铜盘（放入花生油），用铝箔纸密封。

4 密封好的铜盘大火烧开，用中火焗约8分钟即可。

技术关键

1. 焗制时要注意火候，鸡肉刚熟为佳。

2. 焗制约3分钟后要不定时转动铜盘，防止鸡肉粘底致烧煳。

艾叶蛋汤

名菜故事

艾叶有很高的药用价值，在抗癌、延缓衰老、暖宫、治疗月经不调等方面有较好的效果，是女性的保健食品。女性每天早上喝一碗艾叶鸡蛋汤，能有效调理痛经、宫寒等问题。

烹调方法

煮法

风味特色

汤甘味鲜，具有温补暖胃作用

知识拓展

煮好可转入砂锅，冬天气温低可以保温。

°○ 原 材 料 ○°

主副料 艾叶200克，鸡蛋4个

调味料 精盐8克，味精5克，淀粉2克，水500克，食用油30克

工艺流程

1 艾叶放沸水中略烫至熟倒出，用冷水漂凉，挤干多余水分，切成细末备用。

2 鸡蛋打入碗里加入2克精盐打散，再加入切好的艾叶和淀粉充分搅拌均匀。

3 热镬滑油后留底油，倒入鸡蛋艾叶液，转动镬使之成均匀圆饼形，小火煎至两面金黄，倒出切成小块。

4 镬中加入水和煎好的艾叶蛋饼，大火烧开，调入6克精盐和味精即可装盘。

技术关键

1. 艾叶要选幼嫩的，烫水后需迅速漂凉，否则易变黄。

2. 煎蛋饼要晃动镬，使每个部位受热均匀。

粽香肉

名菜故事

粽子与猪肉相遇，出现在每年端午节。勤劳善良的客家人用新鲜的粽叶和土猪肉，配上绿豆，既坚守传统又做出改变，有了一种和传统粽子不同的口感，散发出自然的纯真，造就了"香糯可口，肥而不腻"的端午味道。

烹调方法

蒸法

风味特色

香糯可口，肥而不腻

   原 材 料

主副料 五花肉100克，去皮绿豆150克，燕麦100克

料 头 粽叶24片，稻草12条

调味料 盐1克，味精2克，南乳汁5克

工艺流程

1 粽叶、稻草洗净待用。

2 五花肉去皮，切9厘米宽，然后腌制入味。

3 绿豆、燕麦蒸熟后待凉。

4 五花肉包裹绿豆、燕麦。

5 外包一层粽叶，然后用稻草捆绑。

6 蒸柜蒸20分钟装盘即可。

技术关键

五花肉不能太厚。

知识拓展

味道不宜太重，以免失去粽香味。

姜丝蒸腊味

名菜故事
客家人大多会在自家晒制腊味，冬天晒制的腊味保存时间较长，可食用到年后。

烹调方法
蒸法

风味特色
腊味浓郁，咸香适口

○ ○ 原 材 料 ○ ○

主副料 腊肉150克，腊肠100克
料 头 姜丝30克，芫荽10克

工艺流程

1 腊肉和腊肠切成厚约2毫米的片。

2 切好的腊味平铺在平碟上，均匀撒上姜丝。

3 蒸笼大火烧开，将腊味上笼蒸约4分钟。

4 蒸好的腊味取出，放上芫荽点缀即可上桌。

技术关键

正冬风干的腊肉和腊肠品质、风味最佳。

知识拓展

不同天气和不同地域风干的腊味品质不同。客家地区有的餐饮企业每到冬天都会制作自己品牌的腊味，有的原味咸香，有的添加香料，风味各异。

砵仔猪肉汤

名菜故事

砵仔猪肉汤是一道经典名菜。用猪肉、龙骨、猪杂蒸出来的汤水，清甜味香，体现了客家饮食原汁原味的特点。目前，河源许多早餐店都供应钵仔猪肉汤，营养美味。

烹调方法

蒸法

风味特色

汤清味鲜甜，猪肉嫩滑

知识拓展

胡椒粒根据个人喜好可不放。另外，可根据个人喜好撒葱花、加茶油等增加风味。

∘∘ 原 材 料 ∘∘

主副料	夹心肉400克，龙骨100克，猪杂100克，五花肉5克
料 头	葱花5克
调味料	精盐10克，味精3克，胡椒3粒

工艺流程

1 猪肉、龙骨、猪杂洗干净，斩成大块备用。

2 猪肉、龙骨、猪杂放入砵仔加入750克的水，放入精盐、味精、胡椒等调味料。

3 封上保鲜膜放入蒸柜大火蒸45分钟，上桌撒上葱花即可。

技术关键

1. 猪杂清洗干净。
2. 封保鲜膜，防止滴入生水。

五指毛桃龙骨汤

名菜故事

五指毛桃属桑科植物，广泛分布在惠州龙门至河源万绿湖区的山上，自然生长于深山幽谷中，因其叶子长得像五指，而且叶片长有细毛，果实成熟时像毛桃而得名。五指毛桃的功能是健脾化湿、行气化痰、舒筋活络。

烹调方法

炖法（或蒸法）

风味特色

汤鲜，味具有五指毛桃独特香味

技术关键

1. 煲汤时冷水下肉料，水开后及时撇去浮沫。
2. 小火慢煲，中途不要加水和开盖，避免香味散发。

知识拓展

此汤可采用清蒸或隔水炖的方法。清蒸时，要用两层保鲜膜封口。

∘ ∘ 原 材 料 ∘ ∘

主副料 龙骨500克，夹心肉200克，五指毛桃细根50克，蜜枣3个，水2500克

料 头 大姜块10克

调味料 精盐10克，味精5克

工艺流程

1 龙骨和夹心肉洗净，改刀成大块备用。

2 龙骨和夹心肉放入汤煲加入2500克的水，放入洗净的五指毛桃根、姜块，调入精盐5克，待煲内水沸腾后撇去浮沫，盖好盖子，转入小火煲约1个小时。

3 汤水约剩1000克时即可关火，调入剩下的精盐和味精即可。

紫金八刀汤

名菜故事

紫金八刀汤，又称八宝汤。
八刀是对应用黑麦草、番薯
叶喂养的紫金蓝塘猪的八个
部位，分别是猪心、猪肝、
猪肺、猪舌、猪肠、猪腰、
隔山衣（猪隔膜）、前朝
肉（猪耳至猪手之间的肉
件）。切下的猪件精华成就
了八刀汤。

烹调方法

生滚法

风味特色

营养丰富，味道鲜美

知识拓展

紫金八刀汤其实是猪杂汤，
现在很多早餐店都以八刀汤
为汤底，加入河源米排粉作
为早餐。

○ ○ 原 材 料 ○ ○

主副料 紫金蓝塘猪的猪心、猪肝、猪肺、猪舌、
竹肠、猪腰、隔山衣（猪膈膜）、前朝肉
（猪耳至猪手之间的肉件）各50克

料 头 红葱头30克

调味料 精盐10克，味精3克，胡椒粉1克

工艺流程

1 猪心、猪肝、猪肺、猪舌、竹肠、猪腰、隔山
衣、前朝肉各切成片。

2 在上面撒放少许的葱花、胡椒粉、味精、精
盐，倒入煮沸山泉水里，加盖，煮10分钟，掀
盖，见猪件绽开如花，盛进葱花垫底的大汤碗
即可。

技术关键

煮汤时，不要搅动翻转猪件，以免破坏猪件的爽
脆口感。

紫金牛肉丸汤

主副料 牛大腿肉500克

料　头 香芹粒5克

调味料 精盐10克，味精10克，胡椒粉2克，木薯淀粉50克，茶油10克

名菜故事

紫金牛肉丸是紫金的特色美食，发源地在龙窝镇，它有个别致的名字叫"天光牛肉丸"。天光，在客家话表示天亮的意思。关于名字有两种说法：一种是说天亮前刚宰杀的牛肉新鲜、弹牙，卖牛肉丸的店家都在天亮前购买；另一种是说当地人因为爱吃牛肉丸，常从天黑吃到天光。紫金牛肉丸曾获得不少荣誉，如曾被授予"广东最具代表性的地方美食""中国粤菜名菜奖"等称号。

工艺流程

1　牛大腿肉去筋后切成5大块，放在大砧板，用方形锤刀上下不停地用力将牛肉捶成肉浆。再加入精盐、木薯淀粉、味精继续捶打15分钟，随后用大碗盛装，将肉浆挤成乒乓球大小的丸子，用汤匙掏进温水盆中，然后用慢火氽约10分钟。

2　原氽丸子的汤放入砂锅，待汤沸腾放入丸子，烧沸加入精盐、味精、香芹粒、胡椒粉、茶油即可上桌。

技术关键

1. 牛肉要捶打成肉浆并具有很强的黏性方可制作丸子。
2. 再次煮丸子时，汤沸腾即可，久煮则肉质变老。

烹调方法

滚法

风味特色

汤鲜味美，肉丸爽弹

知识拓展

牛肉丸除原味外，现在进行了创新，添加了胡椒、陈皮、冬菇，有了不少口味。

客
家
风
味
菜
烹
饪
工
艺

忠信瓦缸猪脚

名菜故事

客家人始终觉得，用瓦缸烹出来的菜肴，方法传统，味道特别。蜜枣猪脚原本就藏有客家媳妇坐月子滋补秘方，改良升级后用土灶火焖数小时，造就了这一甜而不腻、入口酥滑的人间美味。

烹调方法

焖法

风味特色

甜而不腻，入口酥滑

知识拓展

猪脚皮爽口而不烂。

主副料 猪脚1只（约750克），红枣10克

料 头 鲜姜50克

调味料 精盐5克，生抽5克，蚝油5克，绍酒150克，麦芽糖10克，食用油1500克（耗油50克）

工艺流程

1 猪脚剃毛洗净。

2 过水加麦芽糖煮至七成熟。

3 烧油将猪脚炸至轻微脆皮，过冷水1小时。

4 猪脚砍件待用。

5 生姜煸炒，放猪脚炒香。

6 加入绍酒、红枣、生抽、蚝油、水，烧开后调入调味料。

7 倒入瓦缸小火焖熟，收汁，装盘即可。

技术关键

炸猪脚油温稍高，安全第一。

92

冬笋干焖腊肉

名菜故事

旧时，客家人制作腊肉主要是为了更好地保存多余的猪肉。现在，每逢腊月北风起，客家人便开始腌制腊肉、腊猪肝。腊肉既是客家人款待宾客的佳肴，也是过年的必备菜品。

烹调方法

焖法

风味特色

冬笋质感上乘，腊肉香味浓郁

技术关键

1. 冬笋压制回软要把握火候，质感太硬或过烂都会影响出品效果。
2. 腊肉本身咸味重，可根据实际调入咸味调味料。
3. 老抽要起镬前放入，过早放入会使菜品颜色变黑。

◦◦ 原 材 料 ◦◦

主副料 水发冬笋150克，风干腊肉200克

料　头 鲜姜50克，蒜子80克

调味料 味精3克，生抽5克，老抽2克，蚝油5克，食用油20克

工艺流程

1. 干冬笋隔天浸泡回软后，放高压锅压制约15分钟，倒出切成长条备用。

2. 腊肉切成宽约4毫米的肉块。

3. 鲜姜切成宽约2毫米的中片，蒜子横向对切一分为二备用。

4. 热镬冷油滑镬，镬留底油放入姜、蒜子爆香，转色后倒入腊味炒出香味，放入切好的笋干，加入200克的水，烧开后用中小火焖至水量减半时，调入味精、生抽、蚝油，再加盖焖至差不多收汁时调入老抽翻匀装盘。

知识拓展

客家山区盛产竹子，因此竹笋也非常出名。竹笋中以冬笋品质最佳。

猪肠血

名菜故事

客家人称猪血为猪红。旧时，过年时需要大量的猪肉做年菜，因此大多数家庭都会选择年前杀猪。一户人家杀猪，几乎全村男女老少一起来围观。猪红寓意来年生活红火，参与杀猪的人都会分到一些猪红。猪血富含维生素B$_2$、维生素C、蛋白质、铁、磷、钙、烟酸等营养成分，是男女老少的最佳营养食物之一。猪血忌与黄豆、海带同食，高胆固醇血症、肝病、高血压、冠心病患者应少食或忌食。

烹调方法

煮法

风味特色

颜色搭配光泽和谐，猪血嫩滑，大肠爽滑，风味浓郁

原材料

主副料 猪血250克，猪大肠200克

料头 姜花15克，蒜片10克，葱度10克，芫荽两根

调味料 精盐10克，味精5克，上汤100克，淀粉水20克，食用油500克（耗油30克）

工艺流程

1 猪血切成中块，猪大肠切成8厘米长段。

2 镬中倒入两勺水和2克精盐，将猪血氽熟倒出。

3 热镬烧油将大肠泡油后倒出。镬留底油，爆香姜蒜后加入猪血、大肠，调入8克盐、味精和100克上汤，煮沸后淋入粉水，加入葱度。

4 用手勺轻轻推均匀芡粉，淋入尾油即可装盘。上桌前加入两棵芫荽点缀即可。

技术关键

1. 猪血较嫩，需轻轻操作，否则易烂易碎。
2. 大肠泡油至刚熟即可。

知识拓展

大肠的加工方法可参考客家炒大肠的处理。

紫金八刀肉

名菜故事

用蓝塘猪的猪心、猪肝等八个部位的鲜肉，生炒或煲汤，透露出紫金人精巧的美食态度。生炒，更是让八刀鲜肉产生了一次无与伦比的美妙组合，形成一次震撼味蕾的大合唱，唱出了在外紫金人的乡愁。

烹调方法

炒法

风味特色

鲜香爽滑

技术关键

1. 材料切片大小均匀。
2. 材料不宜炒得太老。

知识拓展

火候大小决定肉质的口感。

主副料	夹心肉80克，粉肠30克，猪心30克，猪肝30克，前朝肉50克，猪舌（猪脷）30克，猪肾（猪腰）30克，猪肺10克，上海青500克
料 头	鲜姜5块，蒜头5克
调味料	精盐5克，味精8克，胡椒粉3克，淀粉5克，食用油20克

工艺流程

1 8种材料切片。

2 放调味料腌制。

3 上海青改刀。

4 上海青炒好装盘。

5 料头爆香后放入8种材料炒熟，勾芡装盘即可。

龙川三鲜煲

名菜故事

客家三鲜煲是河源龙川的特色菜，香信、春卷、豆腐丸是龙川人引以为豪的特产，常被作为手信赠予他人。香信的"香"，即冬菇，春卷的"春"，即客家话中的蛋，豆腐丸在旧时只有过年才能吃到。客家三鲜煲是龙川人逢年过节和喜庆日子必备的传统菜。

烹调方法

煲法

风味特色

汤鲜味美，质感爽脆，有弹性

知识拓展

1. 萝卜宜选用经冬霜冻的，这样才有鲜美的味道。
2. 香信的制法是将猪肉擂碎，加少许淀粉、味精，拧成大拇指扁状，然后将浸润的冬菇逐个外贴蒸熟。

○○ (原)(材)(料) ○○

主副料 春卷200克，香信200克，豆腐丸200克，白萝卜500克

料 头 葱花5克

调味料 精盐10克，味精5克，茶油15克

工艺流程

1 萝卜去皮，滚刀切成大块，放入砂锅垫底备用。

2 春卷、香信、豆腐丸切成5厘米大块，放入砂锅。砂锅倒入250克的水，加入精盐和味精，大火烧开后，待春卷、香信、豆腐丸膨大，淋入茶油加盖煲至出水气，撒上葱花即可原锅上桌。

技术关键

1. 注意煲的火候，宜大火烧
2. 开至"三鲜料"膨大即可，否则口感易老。

车田豆腐煲

名菜故事

龙川车田豆腐已名声在外，"鸳鸯豆腐出车田，皮香肉嫩味极鲜。日啖豆腐三五块，神仙寻味亦垂涎""天下豆腐广东鲜，广东豆腐数东江，东江豆腐看车田"等诗句，都体现了车田豆腐的江湖地位。

烹调方法

煲法

风味特色

豆腐软嫩，馅香

技术关键

1. 肉馅要剁至起胶或摔打起胶。
2. 酿豆腐时不要酿太饱满，以八分饱为好。
3. 先将有肉馅面朝下煎至金黄色。

○○ 原 材 料 ○○

主副料 龙川车田豆腐4块，五花肉200克，猪油渣20克，胡椒粉2克，红葱头20克

料 头 葱花5克

调味料 精盐6克，味精3克，生抽5克，淀粉3克，猪油20克

工艺流程

1 五花肉去皮清洗干净，剁成肉馅，放入剁好的猪油渣、红葱头末，放入精盐、生抽、味精、淀粉，搅拌均匀，打至胶状备用。

2 车田豆腐改刀一切为二，用筷子在豆腐夹开一个小洞，均匀酿入做好的肉馅备用。

3 大火烧镬放入适量猪油，将肉馅部分煎至金黄，撒上适量胡椒粉，放入生抽、精盐、味精和水加盖，用中火焖煮2分钟。

4 焖好豆腐转入烧热的砂锅，再用中小火烧开，撒上葱花即可。

知识拓展

可直接焖制后勾芡上桌。馅料以个人喜好为主。

水绿菜炒牛肉

名菜故事

客家地区特有的酸菜称为"水绿菜"，其实是一种腌菜。"绿"是客家话，与粤语"烫"同义，用水将嫩芥菜烫熟，挂到通风处晾到一定程度，再用坛子装起来即为水绿菜。

烹调方法

炒法

风味特色

牛肉质感嫩滑，味道咸鲜适口；水绿菜微带酸味，开胃适口；整体味道鲜香浓郁

技术关键

1. 牛肉腌制用料和过程。
2. 牛肉泡油注意火候和油温，防止变老韧。
3. 出镬前要勾芡，保持嫩滑口感。

知识拓展

水绿菜是由大芥菜腌制而来，是客家菜特色风味原料。

○ ○ 原 材 料 ○ ○

主副料 水绿菜150克，牛肉200克，青圆椒20克，红圆椒20克

料 头 姜10克，蒜10克，葱10克

调味料 精盐10克，味精8克，白砂糖5克，生抽10克，老抽1克，鸡蛋1个，淀粉10克，食用油500克（耗油30克）

工艺流程

1 牛肉切成薄片，用盐、糖、味精抓匀，起黏性后加入生抽、老抽腌制半小时。然后加入一个蛋清轻轻抓匀至无蛋清状，加入淀粉搅拌均匀，淋上生油封面。放入冰箱冷藏格冷藏15分钟。

2 水绿菜改刀成厚片，青红圆椒切角备用。

3 姜切成指甲片，蒜切成蒜片，葱切成葱榄备用。

4 水绿菜飞水后，控干水分备用。

5 热镬冷油滑镬，再次烧油至三四成热时，将牛肉泡油倒出。镬留底油，爆香料头，倒入水绿菜炒出香味，再加入牛肉、青红椒，调入盐和味精炒出镬气，然后勾芡炒匀，淋入尾油即可装盘。

腐竹炒肉片

名菜故事

腐竹是客家人充分利用大豆的又一智慧的结晶，是每家每户客家人必备的家常原料。腐竹含有丰富的蛋白质、卵磷脂、铁，营养丰富，老少皆宜。在客家地区，很多地方都有晒腐竹的传统，如和平贝墩、东源叶潭，腐竹已成为一种送礼佳品。

烹调方法

炒法

风味特色

香味浓郁，腐竹、肉片嫩滑

技术关键

1. 肉片切均匀，滑油要快，否则肉质易老。
2. 炒制时火候要猛烈，炒出镬气。

知识拓展

腐竹是大豆浆放在镬中慢火加热，使豆浆表面氧化凝结成膜再挑起晒干的制品。

○○ 原 材 料 ○○

主副料 腐竹100克，瘦肉100克

料 头 姜10克，蒜10克，红葱头5克，葱5克

调味料 精盐5克，生抽5克，淀粉10克，食用油30克

工艺流程

1 腐竹用温水浸泡至完全回软后，切成长约5厘米的段。

2 瘦肉切成0.2厘米中片，用1克精盐抓匀，加入5克淀粉水搅拌均匀，最后加入10克油搅拌均匀备用。

3 姜、红葱头、蒜切中片，青葱切葱度。

4 烧热炒镬，用食用油滑镬，将瘦肉滑油后倒出。镬留底油，爆香姜、红葱头、蒜后倒入腐竹，烹入50克清水加盖中火煮约30秒，调入精盐、生抽、肉片翻炒均匀后勾芡，淋入尾油即可装盘。

菜干煲

名菜故事

菜干一般是用白菜晒干制成。客家菜干煲是客家地区的传统风味菜，天气炎热时，人们常食用。菜干能养心调血，除烦止渴，有消燥除热、通利肠胃、下气消食的作用。

烹调方法

煲法

风味特色

肉烂味香，咸中带甜，油而不腻

○○ 原 材 料 ○○

主副料	五花肉50克，湿菜干150克
料 头	蒜子2瓣，姜5克，小米辣椒1个
调味料	精盐5克，白砂糖2克，蚝油5克，胡椒粉1克，淀粉10克，食用油15克

工艺流程

1 菜干用温水泡30分钟，洗净切片，五花肉切片备用。

2 砂锅内放油，将五花肉煸香至出油，放入姜片、蒜头、小米辣椒炒香。

3 加入菜干，炒香，加精盐和蚝油翻炒均匀，然后倒入适量水，中小火煲20分钟，加糖、胡椒粉，勾芡收汁即可。

技术关键

菜干吸油，油要适当多放，香气才浓。

知识拓展

菜干大多是农家自制。先将菜叶晾干、堆黄，然后加精盐腌制，最后晒干装坛。

菜卷煲

名菜故事

客家菜卷煲有两种，一种是芥菜煲，另一种是卷心菜煲，旧时客家人常在端午节、七月节时食用，因为分量大，通常都可替代米饭，吃两个基本饱了。卷菜煲做法简单，风味十足，是大家庭过节的常用菜。

烹调方法

煲法

风味特色

糯米馅料香气浓郁

技术关键

1. 炒馅时，料要足。
2. 包菜叶要大片，包馅时叶子不能烂。

知识拓展

馅料除糯米外，其他配料可根据个人口味增加，如喜欢腊味的可添加腊肠、腊肉、腊猪肝等，以增加菜卷包的风味。

○○ 原 材 料 ○○

主副料 瘦肉100克，卷心菜叶8片，糯米250克，虾米10克，冬菇5克，白萝卜300克，芹菜20克

料 头 蒜20克

调味料 精盐8克，味精2克，生抽8克，胡椒粉2克，食用油30克

工艺流程

1 卷心菜洗净，整个用温水灼软，取8片菜叶；糯米用冷水浸泡3小时，沥干水；瘦肉切丁，萝卜切丝，冬菇发泡切丁，虾米洗净。

2 先用慢火将瘦肉炒香，再将虾米、冬菇倒入与肉丁一起炒，最后将糯米、萝卜、芹菜、蒜倒入一起翻炒至水干，并撒入适量的精盐、胡椒粉、生抽调味。

3 卷心菜摊开在掌心，用勺子取适量炒好的糯米等馅料放至卷心菜叶，卷成枕头状，放入装有生萝卜块的砂锅。

4 向砂锅添加水500克，加少许精盐，用猛火烧开后调至小火煲约1小时即可。

（三）惠州风味菜

红烧蒜子鲥

名菜故事

红烧蒜子鲥是惠州一道名菜。主要原料东江鲶鱼，肉爽滑，味腴美，蛋白质丰富，是一种优良的食用鱼类，用蒜子焖之，肉质软烂，蒜香四溢。

烹调方法

焖法

风味特色

色泽金黄，肉鲜香爽滑，味浓郁

技术关键

1. 鲥鱼要泡油，油温略高使鱼肉肉质紧实。
2. 蒜子要用独角蒜。

知识拓展

炸蒜子是粤菜中常见焖料，用烧腩肉、冬菇可增加红焖菜肴的香味。

原材料

主副料 带骨鲥鱼肉500克，烧腩100克，炸蒜子150克，湿冬菇25克，去核红枣5克

料　头 姜花20克，葱度20克，姜片2.5克

调味料 精盐2.5克，味精2.5克，蚝油25克，生抽10克，老抽3克，胡椒粉0.1克，绍酒15克，芝麻油1克，淀粉50克，花生油150克，二汤300克，食用油1000克（耗油50克）

工艺流程

1 鲥鱼肉斩成长7厘米、宽3厘米、厚约1厘米的块，用精盐、姜葱汁腌制，最后加入蛋黄、少许老抽。镬中加油，烧至七成热时将腌制好的鱼段放入油中，当鱼浮起油面即倒入笊篱内沥去油。

2 烧热炒镬，用食用油滑镬，放入蒜子、姜片、冬菇、烧腩炒香，烹入绍酒10克，下二汤、炸鱼、蚝油、深色酱油、精盐、红枣、胡椒粉，略焖5分钟取起，排入扣碗内，倒入原汁，入笼蒸10分钟取出，倒出原汁覆盖在盘中。

3 烧热炒镬，用食用油滑镬，烹入绍酒5克，加入原汁和味精，待滚后，用淀粉勾芡，加芝麻油、生油15克推匀，淋上便成。

红烧水鱼

名菜故事

红烧水鱼是一道传统名菜，荤香醇人，富含营养，能够补虚养身、气血双补、滋阴调理、清热去火。

烹调方法

焖法

风味特色

咸鲜味，肉腍滑，蒜子芳香，荤香醇人

技术关键

1. 水鱼应先烫水、去壳膜和油，否则异味较重。
2. 焖至水鱼收汁起胶即可，不要过于软烂。

知识拓展

水鱼不宜与桃子、苋菜、鸡蛋、猪肉、兔肉、薄荷、芹菜、鸭蛋、鸭肉、芥末、鸡肉、黄鳝、蟹一同食用。

原材料

主副料 水鱼750克，烧腩150克，去核红枣2克，马蹄100克，二汤500克，姜片2.5克

料　头 炸蒜子50克，湿冬菇15克

调味料 精盐4克，味精4克，胡椒粉0.15克，生抽25克，蚝油15克，绍酒20克，猪油10克，芝麻油0.5克，淀粉2克，食用油1000克（耗油100克）

工艺流程

1 水鱼宰净斩件，每件重25克，放入沸水中半分钟捞起。烧腩斩件，每件15克。

2 中火起镬，下猪油烧至六成热，放入水鱼块泡油约1分钟，倒入笊篱内滤去油。趁热镬下油25克，放进姜片、蒜子、水鱼、生抽炒透，烹绍酒，下二汤、蚝油、精盐、红枣、马蹄、冬菇、烧腩，待滚后倒入瓦煲内，慢火煀20分钟至腍。

3 旺火起镬，下猪油10克，倒入水鱼，加味精、胡椒粉（收浓汤），用淀粉打芡，淋芝麻油、猪油25克装盘。

网油蚝豉

名菜故事

网油蚝豉是传统客家菜，以前过年过节会做这道菜肴来招待客人。此菜以猪网油把猪肉和蚝豉卷成条状，猪网油渗出猪油香滋润蚝豉，能够带出它的味道，入口甘香不腻。网油酿蚝豉可用生菜包着吃，亦可用生菜垫底。

烹调方法

煎焖法

风味特色

味质香浓，蚝豉鲜香味浓，软滑可口

·○原材料○·

主副料 湿蚝豉400克，网油300克，叉烧125克，马蹄肉100克，湿冬菇75克，淀粉100克，去核红枣5克

料头 葱白100克，葱条15克，姜片15克

调味料 猪油50克，精盐1克，蚝油25克，深色酱油15克，白砂糖7.5克，绍酒40克，胡椒粉0.05克，花生油1500克（耗油30克），二汤400克，味精1克

工艺流程

1 蚝豉用冷水浸60分钟，再用沸水滚30分钟捞起，放入冷水中洗净泥沙和蚝壳屑，再放回镬内滚5分钟，捞起沥干水分。

2 烧热炒镬，用食用油滑镬，放入猪油25克，加入葱条10克、姜片5克、蚝豉煸炒香，烹入绍酒15克，放入二汤150克、老抽7.5克、胡椒粉、白砂糖、味精1克，略焖干汤汁取起待用。

3 网油用温水洗净，晾干水分，将上肉剁成肉馅，叉烧、冬菇、马蹄、葱白各切成小粒备用，加入盐、糖、胡椒粉做成馅料。

4 网油摊开在台上，改切成9厘米左右的三角形块，拍上干淀粉，放蚝豉、叉烧、冬菇、马蹄、葱白各一条，包裹成长筒形，拍上干淀粉，用手抓实，便成网油蚝豉胚。

5 烧热炒锅放生油烧至六成热，放入蚝豉胚炸至透身、浅黄色时捞起，滤去油。原镬放油15克，放入葱条5克、姜片5克煸香，烹入绍酒15克，放入二汤250克、蚝豉、蚝油、老抽7.5克、红枣、冬菇、精盐、味精、1.5克胡椒粉略焖取出。取扣碗一只，将网油蚝豉排放在扣碗内，倒入原汁，入笼蒸10分钟，取后将原汁覆盖在盘中。

6 烧热炒镬放猪油10克，烹入绍酒10克，倒入原汁，待滚后用淀粉勾芡，浇在网油蚝豉面上便成。

技术关键

1. 猪网油要清洗干净，保持形状完整。
2. 蚝豉发好后要焖至入味。

知识拓展

网油蚝豉也是江浙菜的做法，但是客家地区的做法，口味稍微比江浙浓一些。

东江鱼丸

名菜故事

东江鱼丸是惠州菜的一个特色菜。东江鱼丸成菜特点是鱼丸入水即浮，肉色如雪，入口即化，鲜而不腥，爽滑鲜嫩，汤清味鲜。

烹调方法

氽法

风味特色

肉色如雪，爽脆韧滑，汤清味鲜

知识拓展

1. 刮鱼青肉时刮至近皮的红肉不要，留作他用。
2. 清水不能滚，水微沸时立即冲入冷水。

原 材 料

主副料	鲮鱼1500克，蛋清50克
料 头	葱花5克
调味料	精盐7克，味精4克，胡椒粉0.5克，猪油15克，清汤750克

工艺流程

1 鲮鱼去鳞、内脏，洗净血水，起出脊肉，放在砧板上（皮向下）用刮刀顺着脊肉纹刮出鱼青肉。

2 鱼青肉放入瓦钵内，加入清水50克，用手掺匀后放在平面的砧板上，用轻排刀法有节奏地剁至起镜面，把面上最细嫩的一层刮起放在窝中，再剁至起镜面再刮起，如是反复数次，直至剁刮完为止。

3 剁刮好的鱼青放入瓦盆内，加清水50克和蛋清、味精，开成糊状，再加入精盐拌匀，用力搅拌，打成胶状，然后加入猪油捞匀便成鱼青胶。

4 鱼青胶挤成丸子，每个重约15克，随即放入清水中（立即浮出水面），挤完后用慢火浸约15分钟至熟捞起。汤碗备好调味清汤，将鱼丸装入汤碗撒上葱花即可。

技术关键

1. 材料以鲣鱼最好，鲮鱼次之，鲩鱼或鳙鱼最次。
2. 余鱼丸时要注意温度，先温水，再加热，水不能滚沸。
3. 调味清汤温度不宜太高，以免汤色不清。

蒜子焗白鳝

名菜故事

传说，蒜子焗白鳝跟苏东坡有关。当年苏东坡在惠州时，有一天在东江边散步，渔民送了一条白鳝给他。苏东坡拿回家后，用以蒜子同焖，没想到香飘四溢，味道独特，因此有后人称之为"东坡鳝"。

烹调方法

焗法

风味特色

鳝肉鲜香，肉质爽滑，蒜香味足

知识拓展

白鳝是东江流域常见的河鲜，以焖、蒸做法比较多。东江菜料头区分明显，此菜只用蒜头作为料头，突出白鳝的鲜甜。

原材料

主副料 白鳝一条（2000克左右），独角蒜250克，鸡蛋1个

料 头 泡发冬菇50克，姜50克

调味料 精盐5克，味精1克，白砂糖5克，老抽5克，胡椒粉0.2克，鸡粉3克，蚝油10克，芝麻油0.5克，淀粉50克，食用油30克

工艺流程

1 白鳝用热水烫过，去除鳃、肠，洗净黏液，切成2厘米左右的段；处理好的白鳝切成棋子状，然后用盐腌入味，再加入蛋黄、淀粉拌匀。

2 起镬加水，先将蒜子略飞水，然后起镬加油，将蒜子炸至金黄捞起。加入油，待油六成热，加入腌制好的白鳝炸至金黄时捞起备用。

3 炒镬放油，然后加入姜、冬菇、蒜子爆香。放

入炸好的白鳝爆炒，用鸡粉、蚝油、盐、糖调好味，然后加入适量上汤味料，稍焖制转入砂锅，焗5分钟即可。

4 汤汁收浓，用水淀粉勾芡，放入胡椒粉，淋芝麻油即可。

技术关键

1. 白鳝要去除黏液，否则腥味较重。
2. 蒜子最好用独角蒜。
3. 焗制时间不宜过长。

西湖醋鱼

名菜故事

生鱼是东江河流域的常见河鲜，惠州西湖也盛产。该道菜根据杭州西湖醋鱼的方法进行改制，做出符合广东人口味的西湖醋鱼。

烹调方法

油浸法

风味特色

鱼味突出，酸甜可口，开胃生津

技术关键

1. 生鱼血一定要放干净。
2. 鱼肉炸制的时间不宜过长。

知识拓展

此做法与杭州西湖醋鱼有异曲同工之妙，都是不拍粉炸制，突出鱼肉的鲜嫩、爽滑。调味酱汁的味道根据地方口味有所调整。

○○ 原 材 料 ○○

主副料 生鱼1条（约750克），红姜15克，酸姜10克，荞头20克，瓜英15克，青圆椒10克，泡发川耳5克，蒜米5克

调味料 精盐3克，白砂糖50克，糖醋汁250克，芫荽15克，大红浙醋100克，食用油2000克（耗油125克）

工艺流程

1 鱼去鳞，从背部沿着脊骨顺刀而下，破开鱼头至眼处，将鱼反转，在尾部逆刀片至鱼颈，使骨肉分离，并从脊骨头部和尾部截断去除脊骨，去掉鱼鳃和内脏，在颈部两边的鱼肉上各横切一刀（深度0.5厘米），便成鱼头尾完整的船形，洗净待用。荞头、红姜、瓜英、青红椒、川耳等均切细粒。

2 烧热镬，下油2000克，烧至八成热时，将生鱼放入油中，随即端离火位浸炸约5分钟，再端回炉火上炸至熟捞起，沥去油，放在长盘中，以芫荽伴边。

3 镬底留油25克，放入蒜米、红姜、荞头、酸姜、瓜英、青圆椒、川耳等略炒，再放入糖醋汁、大红浙醋，烧沸后勾芡。加油15克，推匀淋鱼面便成。

煎封鳊鱼

名菜故事

鳊鱼是东江流域常见的河鲜，煎封鳊鱼是东江地区常见河鲜的做法。煎封是粤菜煎法中的一种，又叫煎烹，多用于烹制肉厚的鱼类。所用汁液，用上汤、喼汁、盐、白砂糖、酱油等拌成，称为煎封汁。其要点是，将鱼煎至金黄色，加料头和汁液，上盖，焖熟，勾芡，实是一种煎为主、焖为辅的方法。成品既有煎的芳香，也有焖的浓醇，滑软可口，风味别致。

烹调方法

煎法

风味特色

味道鲜甜，豆豉味足，鱼肉嫩滑

知识拓展

河鲜比较寒凉，加以蒜头、豆豉、姜、胡椒等辛辣味调味料，以去除河鲜的腥味和寒凉。

○ ○ 原 材 料 ○ ○ ·

主副料 鳊鱼1条（650~750克）

料 头 蒜头30克，豆豉8克，姜5克，葱花5克

调味料 精盐10克，味精1克，白砂糖3克，生抽3克，老抽2克，二汤200克，食用油100克

工艺流程

1 鱼去鳞、鳃、内脏，去掉里边的黑膜，斜切1.5厘米十字花刀（大）。

2 鱼用精盐6克先腌制花刀切口部位，腌制5分钟，清洗干净，用干布吸干水分备用。

3 镬烧热，下油将鱼煎成两面金黄，铲起备用。

4 镬清洗干净，加入油，爆香料头，下鱼略煎两面，下二汤，盖镬盖煎焖约3分钟，剩下少许原汁，加入水淀粉勾芡、包尾油，装盘淋上原汁、撒上葱花即可。

技术关键

1. 鱼要放干净血，并且去掉腹中的黑膜。
2. 要选用好的阳江豆豉、本地蒜头、本地姜，保证其风味纯正。
3. 煎鱼要注意火候，小火将鱼煎至两面金黄。

扣烧东江鱼头

名菜故事

东江菜注重火功，火候的把握是东江菜的一个重要的特点。扣烧东江鱼头，鱼头先炸后蒸至鱼头软烂鲜香，味道不同于生焗鱼头。

烹调方法

炸法，蒸法

风味特色

味道咸鲜，口感嫩滑

技术关键

1. 鱼头要炸透，达到酥脆的口感，焖煮的时候才容易入味。
2. 调味不宜过重，突出鱼头的鲜美。

知识拓展

扣烧东江鱼头不同于生焗鱼头，各有各的特点和味道。

○○ 原 材 料 ○○

主副料　大鱼头1500克以上，鸡蛋1个，淀粉50克，上海青200克

料　头　蒜头60克，姜20克，冬菇15克，葱度20克，芫荽10克

调味料　精盐6克，味精0.5克，绍酒10克，蚝油、生抽、老抽适量，食用油2000克（耗油50克）

工艺流程

1　鱼头清洗干净后开边，加入盐、绍酒、姜葱汁腌制30分钟，再加入蛋黄少许，拍上淀粉备用。

2　蒜头切成粗蒜粒，姜切成片，芫荽、葱切成段，冬菇切成件备用。

3　镬中加入油，将油烧热至八成热，加入鱼头后端离火位，炸制鱼头金黄色，表面酥脆。

4　镬中放入少许油，加入蒜子、姜爆香后加入鱼头、上汤，加入冬菇件，调入蚝油、生抽、老抽焖煮3分钟。

5　焖煮好的鱼头放在盆中，放入蒸柜中蒸约20分钟，取出，滗出原汁。

6　上海青飞水作为菜肴围边，鱼头摆在盘中，原汁勾芡淋入即可。

蚬肉油条炒韭菜

名菜故事

蚬肉油条炒韭菜是一味经典的惠州菜。东江地区河网密布，水产丰富，黄沙蚬自然也不少。据考证，惠州已有千年的食蚬历史。黄沙蚬寒凉，与韭菜同炒，能够去除其寒凉，味道搭配又恰到好处。

烹调方法

炒法

风味特色

味道鲜香，色彩多样

知识拓展

蚬肉做法大多数配热性的食材，以中和其寒凉。韭菜炒蚬肉，是普遍的做法，可以用生菜或者春卷皮包着食用。加入油条这种食用习惯，多见于惠州。

◦ ○ **原 材 料** ○ ◦

主副料 黄沙蚬1500克（500克河蚬取肉约75克），韭菜200克，油条1根

料 头 姜15克，冬菇15克，红葱头10克，红尖椒3克

调味料 盐3克，味精0.3克，白砂糖3克，胡椒粉1.5克，绍酒10克，鱼露10克，食用油50克

工艺流程

1 黄沙蚬用清水静养半天，使其吐去泥沙。

2 镬中放入水，将水烧至约60℃，放入黄沙蚬将蚬养熟，取出蚬肉，清洗干净泥沙，用干布擦干水备用。

3 油条切成拇指大小段，姜、冬菇、红葱头、红尖椒切成粒，备用。

4 镬中加入油，将油条炸制酥脆备用。

5 爆香料头，加入蚬肉炒香，烹入绍酒，炒香再加入韭菜，下调味料炒至韭菜香，然后加入油条，烹入鱼露、味精，炒匀，勾芡，加包尾油即可。

技术关键

1. 蚬要静养去掉泥沙，蚬肉要吸干水分。

2. 韭菜要炒香，最后加入油条，保证韭菜香、油条脆。

3. 勾芡宜薄，味道要稍重才能突出菜肴的风味。

蒜头豆豉碌鹅

名菜故事

碌鹅是一道色香味俱全的客家创新名肴，是农家乐类型餐厅的乡土菜。生鹅焖制，味好，不热气，深受食客欢迎。"碌"这个字就是土生的客家话，外人不明其意，听到"碌鹅"还以为是"卤鹅"，实际"碌"是煨煮的意思。

烹调方法

焖法

风味特色

味道咸鲜，肉质咸香软糯

○。（原）（材）（料）○。

主副料 草鹅仔1只（约3000克），二汤（清水）1000克

料 头 蒜头15克，豆豉5克，八角1.5颗，香叶2片（约1克）

调味料 生抽250克，花生油50克，老抽5克，高度米酒100克

工艺流程

1 光鹅清洗干净（毛不干净的可以用火枪烧一下），切去鹅尾。

2 鹅翅、鹅掌在中节以下斩下，吊干水分，用少许生抽（约30克）涂在鹅身（要均匀）。

3 起镬烧热下油烫镬，然后下鹅在镬中（油多点）慢火烫至鹅身金黄色即可（鹅翅、鹅掌也要烫碌）。

4 洗干净镬烧油烫镬，下少许油爆香干葱头，然后将鹅下镬略碌均匀，烹入高度米酒（起香的过程），翻炒一下，再下二汤（或开水）1000克，烧开后转慢火焖焗35~40分钟至鹅熟透（中间要隔几分钟翻滚一次，并且吊起，使里外受热均匀）。

5 鹅碌熟后要大火收汁，收汁时要用原汁不断地淋在鹅身，直至原汁呈黏稠状。原汁过滤装好备用。

6 将碌鹅斩件摆成鹅形，淋上原汁即可。

技术关键

1. 清洗过程中一定把肺部去干净。
2. 在碌烫过程中要翻滚均匀。
3. 收汁时火不要太大，以防烧煳。
4. 成品淋汁时要把原汁表面的油去掉一部分。

知识拓展

原味碌鹅只用生抽、高度米酒，用料简单，原汁原味。现在，碌鹅菜品，根据食客口味的变化，选用柱侯酱、黄豆酱、八角、桂皮等做好酱汁，鹅肉边碌边入味，直到水分慢慢收干，酱汁能挂得起来方算够入味。

东江糯米酥鸡

名菜故事

东江糯米酥鸡是一道传统的东江美食，主要原料是糯米、海味干货、猪肉（瘦）、腊肠，采用翻炒的方法将馅料炒香，然后整鸡出骨，酿入馅料后蒸熟，再淋油炸制而成。运用东江地区人民常食用的糯米，既增加了菜肴的食疗食补作用，又增加了菜肴的风味。

烹调方法

蒸发，炸法

风味特色

外皮酥脆，肉馅软烂香醇

·∘ 原 材 料 ∘·

主副料 光鸡项1只（约1400克），糯米175克，腊鸭肝肠50克，泡发虾米25克，湿冬菇30克，鸡肝50克，瘦火腿肉25克，瘦猪肉100克，熟猪油50克，葱白粒25克

调味料 精盐5克，味精6克，胡椒粉0.05克，绍酒15克

炸料 蛋白稀浆125克，食用油2500克（约耗油150克）

芡料 蚝油15克，上汤150克，鸡原汁约50克，猪油25克，芝麻油1克，胡椒粉0.05克，淀粉20克

佐料 嫩生菜叶（消毒）250克，改成10厘米直径圆形的块，分4小碟，芫荽25克

工艺流程

1 鸡宰净，起"全鸡皮"，取出鸡腿肉200克。糯米用清水浸40分钟后洗净，滤干水分。腊肠、鸡肝、火腿、鸡腿肉、湿菇、瘦肉、虾米等分别切成0.7厘米方粒；鸡肝放入沸水中滚熟，鸡肉粒、猪肉粒用淀粉10克拌匀。

2 中火起镬，下熟猪油50克，放下虾米、腊肠、瘦肉、鸡肉、湿冬菇、葱粒、鸡肝、火腿肉、糯米和调料炒香，烹入绍酒，取出便成馅料。

3 馅料从全鸡皮的颈部开口处酿入，然后将鸡颈皮反扣成结，放入沸水镬内滚约半分钟使之发涨捞出，用小铁针在鸡的背和鸡腹戳数个小孔（使之腹内能通气，遇高温时鸡皮不致破裂），入笼用中火蒸约1小时取出，滗出原汁（后用）晾凉。

4 蛋粉浆涂均匀鸡皮，静置5分钟，用中火烧热炒镬，下生油，烧至五成熟时，将鸡用镬铲托

着，放入油镬内，浸炸至硬身捞出。待油温升高时，再炸至皮酥、色金黄，捞起放在盘中，以芫荽伴边。

5 烧热炒镬，下猪油15克，烹入绍酒，加入上汤、原蒸鸡汁、蚝油、胡椒粉、味精，烧沸后加淀粉勾稀芡调匀，再加熟猪油、芝麻油推匀，取出置于小碗内，上席时淋在鸡面上。准备生菜4小碟。

技术关键

1. 整鸡去骨要注意，不要弄破鸡皮，馅料酿八成满即可，蒸制火候不要过大，否则容易裂开。
2. 蛋白稀浆炸制时要注意油温的把控。

知识拓展

籼米是将糯米蒸熟后晒干得到的米饭干制品，具有补气益血、健脾利湿的功效。东江地区气候比较湿润，人们常会用籼米来制作糖水等食物，达到养生的功效。在籼米鸡中运用籼米，还有一个重要因素是籼米吸水性不强，不会因吸水太多而膨胀使鸡皮破裂。

东江咸鸡

名菜故事

客家咸鸡是传统东江菜，属于东江菜系。在惠州地区，有着"无鸡不成宴"的习俗，咸鸡早已家喻户晓。虽然做法极其简单，成品却咸香入骨，皮肉紧实，皮脆，入口滑嫩，骨带咸香。客家咸鸡的形成与客家人的迁徙生活密切相关。客家人南迁过程中，经常受异族侵扰，难以安居。在居住过程中，每家每户均饲养家禽、家畜。在迁徙过程中，活禽不便携带，便将其宰杀，为防止变质，学会了用盐腌渍。到了搬迁地后，这些贮存、携带的原料既可以缓解食物的匮乏，又可滋补身体。咸鸡就是客家人在迁徙过程中运用智慧制作，因风味独特而闻名于世的经典菜肴。起初，客家人将宰净后的原只鸡先用盐堆腌制、封存，要食用时，直接蒸熟即可。后来，为了适应市场经济的发展，演变为将鸡煮熟，再用大量的盐进行腌制，在腌制过程中，盐与鸡肉在适合的条件下发酵而做成淡水咸

°。° (原)(材)(料) °。°

主副料	肥阉鸡1只（约2000克）
料 头	姜20克，葱20克
调味料	粗盐1500克

工艺流程

1 阉鸡洗净，镬中烧开水，放入姜葱，将鸡放入水中浸熟，将鸡取出略晾干水分。粗海盐略晾干水分备用（如果水分大，可以把盐炒一炒，去掉一部分水分）。

2 粗海盐在鸡全身及肚子里面揉擦，将鸡放在有滤孔的竹篮中，将鸡用粗盐覆盖，放置空气中约12小时。

3 第二天：用温水洗干净鸡表面的盐，略晾干水分。将鸡蒸熟，拿出晾凉，斩件，上碟即可。

鸡，即现在的"客家咸鸡"代表。

烹调方法
浸法，腌法

风味特色
味道咸鲜，鸡肉咸香，肉质酥肥，有嚼劲

技术关键

1. 咸鸡要选用肥鸡才比较香。
2. 腌盐的时候不要放在冰箱，让盐腌鸡自然发酵，这样才有咸鸡特有的香味。

知识拓展

1. 咸鸡做法分为生腌法和熟腌法，上述做法为熟腌法，突出鸡肉的盐香味。生腌法是将鸡清洗干净后，擦干水，加入粗盐腌制过夜，然后将盐清洗干净，放入蒸笼将鸡蒸熟，放凉后斩件食用。
2. 粗盐是客家地区保存食物常用的原料。盐腌法衍生出很多客家美食，盐腌肉食，可以蒸食或者做汤食用，惠州地区人们喜欢用咸鸡煲麦豆或者做咸鸡粥。

三、客家地方风味菜

东坡大肉

名菜故事

苏东坡在惠州生活了两年零八个月。东坡肉原属苏帮菜，以猪肉为主要食材，加以绍酒等调料煮制而成。苏东坡到了惠州以后想念苏帮菜东坡肉，按照当地人的做法，加入了陈皮和豆豉，使东坡肉别有一番广东的味道。此做法比传统东坡肉浓香，所以在惠州地区流传了下来，故称"东坡大肉"。

烹调方法

炸焖法

风味特色

软烂而爽，肥而不腻，色泽红亮，味醇汁浓，酥烂而形不碎

原 材 料

主副料 带皮五花肉1250克，菠菜200克

料　头 蒜蓉10克，姜片40克，葱条1.5克，陈皮豆豉蓉40克

调味料 精盐2.5克，白砂糖60克，生抽500克，老抽25克，绍酒10克，川椒酒10克，东江糯米酒500克，二汤400克，淀粉10克，食用油1500克（耗油30克），八角1颗

工艺流程

1 五花肉刮洗干净，用清水煮至恰熟，以筷子能戳入为度，捞起用冷水浸漂约30分钟，改切成方形块状，每块4厘米，用浅色酱油浸2分钟，捞起沥干。

2 烧热炒镬，用食用油滑镬，下油烧至七成熟，放入猪肉炸至浮起，用笊篱推动有响声时捞起，以冷水浸漂，约隔5分钟换水一次，连续换数次，并用手抓捏数次，以去除油腻，捞起沥干，然后放入以竹笪垫底的砂锅中。

3 烧热炒镬，用食用油滑镬，下油25克，再下蒜蓉、陈皮豆豉蓉爆香，烹入绍酒，加二汤，东江糯米酒烧沸5分钟，取出，去渣，将汁倒入砂锅内，加入八角、姜葱、精盐、深色酱油、川椒酒，加盖慢火焖至猪肉松软涨大，加入白砂糖再焖至汤汁稠浓，将肉取出，排放在扣碗内，加入原汁，储入柜中待用。上席时，再行蒸热，滗出原汁，另将菠菜滚熟放在肉面，然后覆扣在浅碗中。将原汁烧沸，加湿淀粉调成稀芡，淋上。

1. 肉料的选取要肥瘦均匀。
2. 肉料要经过炸制去掉油腻。
3. 蒸制的时间要够才能达到软烂而爽、肥而不腻、味醇汁浓、酥烂而形不碎的效果。

知识拓展

苏帮菜的东坡肉，色、香、味俱佳，深受人们喜爱。慢火、少水、多酒，是制作这道菜的诀窍。东坡肉用猪肉炖制而成，一般是一块约两寸，一半为肥肉，一半为瘦肉，入口肥而不腻，带有酒香，十分美味。

三、客家地方风味菜

酿春

名菜故事

酿春，是惠州市区最出名的一种酿法，也是惠州人酿技高超的体现。惠州话中的"春"就是蛋，酿春即为酿蛋。在惠州，旧时家中孩子过生日，大人都会煮两个蛋用于庆生，但只是蛋又单一了些，所以惠州人发挥了爱酿的本领，居然想到了往蛋里酿肉馅。这道菜看起来很简单，但做起来需要很细心。

烹调方法

酿法

风味特色

汤鲜味美，咸鲜香，爽口滑嫩

知识拓展

酿春是惠州惠城区本土风味菜肴。惠州厨师高燕来将酿春制作工艺发扬光大，曾接受央视、广东卫视及各个地方电视台的采访，让更多的人了解了惠州这一传统的民间美食。

○○ 原 材 料 ○○

主副料 鸭蛋500克，五花肉300克，冬菇50克，虾米50克，粉丝200克

料 头 葱花20克，红葱头末15克，葱白末30克

调味料 精盐5克，胡椒粉0.2克，鱼露5克

工艺流程

1 五花肉、虾米、冬菇一起剁碎后加葱白末、红葱头末，然后加入盐、胡椒粉调味，加入少许水，最后加入淀粉，拌匀成肉馅备用。

2 鸭蛋放置于碗中，肉馅用竹篾挑起酿入鸭蛋黄中（一只蛋黄可以酿100克肉馅）。

3 砂锅中放水，烧至90℃左右时（冒小水泡），将酿春放入锅中养熟（水不要沸，养至浮起来即可），捞起备用。

4 粉丝泡发后放入砂锅中，加入高汤煮开后加入胡椒粉，放入酿好煮熟的春，撒上葱花即可。

技术关键

1. 肉馅制作要剁，不宜将肉打得太碎。
2. 鸭蛋不要酿太满，否则容易破。
3. 煮制鸭蛋时要注意火候，水不能滚开，要将酿好的鸭蛋养熟。

生炒西湖生鱼片

名菜故事

东江地区河网众多,河鲜自然成为东江菜不可缺少的食材。生鱼肉质爽脆,有韧性,味道鲜甜,用生炒的做法能够保留原料的鲜甜,更能突出东江菜味香浓郁、镬气足的特点。

烹调方法

炒法

风味特色

色泽洁白,味道鲜甜,口感嫩滑

知识拓展

东江地区的鱼片采用生炒法,跟广府、潮汕地区的泡油炒法各有所长。生炒法,突出厨师的镬功,镬气足,菜肴味道较浓香,滑炒法突出鱼肉的鲜嫩,爽滑,成菜上各有千秋。

·○ 原 材 料 ○·

主副料	生鱼600克,上海青150克
料 头	蒜5克,姜10克,葱白段10克,料头花5克
调味料	精盐11克,味精0.2克,胡椒粉0.1克,淀粉2克,绍酒5克,食用油30克

工艺流程

1 生鱼去皮后去掉红肉部分,斜刀切成3毫米厚的单飞片,加入精盐6克抓匀腌制几分钟,然后用清水洗净。鱼片用干布吸干水分,然后加入盐5克、味精、胡椒粉腌制,再加入淀粉水少许。

2 胡萝卜切成料头花、姜切成姜花备用,葱白切成段,蒜切成厚蒜片,上海青菜梗雕刻成荷花状。

3 镬中加入油,烧热后加入料头爆香,下入鱼片炒制,烹入绍酒,撒入少许水,炒香,勾芡,淋包尾油上碟。

技术关键

1. 鱼肉要去除红肉和皮,并用盐先腌制洗净才会比较白。

2. 鱼肉生炒要注意把握火候和速度。

光炸大肉

名菜故事

光炸大肉原来称黑金肉，是一个叫阿金的厨师制作的。因为阿金皮肤比较黑，所以大家叫他"黑金"。阿金制作的光炸肉味道浓香，肉肥而不腻，入口即化，所以很多人把这种五花肉的做法叫作黑金肉。后来这种做法在惠州民间广为流传，但因为黑金肉名字不好听，于是取其烹调方法，将其名改为光炸大肉。

烹调方法

炸焖法

风味特色

肉质软而不烂，肥而不腻，馥香浓郁

 原 材 料

主副料 五花肉1000克，鸡蛋液50克，淀粉30克，生菜250克

料 头 葱条25克，姜块10克

调味料 精盐5克，白砂糖50克，老抽20克，川椒酒10克，八角1.5颗，小红腐乳泥1/3件，食用油1500克（耗油50克），二汤600克

工艺流程

1 五花肉刮洗干净，切成长方形块状，每块长7厘米，宽1.2厘米，放入砂锅内，先加老抽10克、蛋液拌匀，后加淀粉再拌匀。

2 烧热炒镬，用食用油滑镬，下食用油烧至八成热，将肉块放入油炸透，捞起放入盆内用凉水冲泡，并反复抓捏，泡至肉皮起皱纹，以除油腻。

3 砂锅放在炉上，下二汤、猪肉、八角、姜块、葱条、老抽10克、精盐、川椒酒，加盖，慢火焖40分钟后加红腐乳、白砂糖，再焖至汤汁浓稠。

4 生菜洗净放入沸水中滚热，取出，沥干水，放在盘中，肉用淀粉勾稀芡盖在生菜面上便成。

技术关键

1. 选用肥瘦均匀的五花肉。
2. 五花肉炸好以后要冲凉水，将肉的油腻漂去。
3. 肉一定要焖足时间，肉要软烂、入味。

知识拓展

光炸大肉做法比较特别，与客家菜中焖猪肉的做法差不多。经过炸制在清水漂洗的五花肉，肥而不腻，味道浓香，老幼皆宜。

东江酥丸

名菜故事

东江酥丸是广东惠州的传统名菜，在惠州民间流传至今已有几百年历史。清朝乾隆年间著名诗人、美食家袁枚到惠阳旅游，品尝了东江酥丸后赞叹不已。在袁枚的《随园食单》记载："粤东扬明府作肉圆，大如茶杯，细腻绝伦，汤尤鲜洁，入口如酥，大概去筋去节，斩之极细，肥瘦各半，同纤合匀。"

烹调方法

煮法

风味特色

入口即化，味道醇厚，滋味浓香

知识拓展

东江酥丸有绍菜和发菜酥丸等几种传统做法

原 材 料

主副料	猪夹心肉1500克，鸡蛋2个
料 头	蒜苗25克，葱5克，姜10克
调味料	精盐40克，味精3克，淀粉30克，绍酒10克，水100克，食用油2000克（耗油50克）

工艺流程

1. 夹心肉剁成肉碎，虾米剁细后加入肉碎里边，加入精盐、绍酒调味，最后加入淀粉拌匀备用。

2. 肉丸做成重80克左右的丸子，放入六成热油中浸炸至金黄色，捞起后用尖筷搓穿肉丸，然后复炸，反复3次，炸至丸子酥脆、呈金黄色。

3. 炸好的酥丸加入高汤，将姜、葱结、蒜苗爆香后加入高汤，加入蚝油、生抽、老抽、糖调味后，最后把飞水后的猪皮放入锅中一起煲40分钟。

4. 煲好的酥丸摆盘，原汁勾芡淋上即可。

技术关键

1. 要选择猪前夹心肉（三分肥七分瘦）。
2. 肉不能剁得太细，谷粒大小即可。
3. 肉不能打起胶。
4. 炸制油温不宜过高，酥丸要炸透。

客家风味菜烹饪工艺

白果猪肚

名菜故事

猪肚是客家菜中常见的食材，高蛋白，低脂肪，适合爆炒、煲汤，风味独特。猪肚是补益脾胃的佳品，自古以来就被视为"补药"，是药膳主食,佐以白果做汤同食，汤鲜味美。

烹调方法

煮法

风味特色

色泽奶白，汤味鲜美

知识拓展

白果猪肚还可以加入胡椒、薏米、腐竹等食材一起煮制。

◦○ (原) (材) (料) ○◦

主副料 生猪肚1个（约1000克），白果肉300克，去核红枣5克，排骨200克，二汤1750克

料　头 泡发冬菇25克

调味料 精盐7.5克，味精2.5克，胡椒粉0.05克，绍酒10克

工艺流程

1 猪肚去肥油，翻转洗净黏液，放入沸水中滚5分钟，捞出放在冷水盆中，刮去肚衣杂物，再放入沸水中滚10分钟，捞起待用。

2 竹笪放入洗净的砂锅内，下二汤、白果、红枣、猪肚、排骨、冬菇、绍酒、精盐，加盖用慢火煲1小时至腍。去掉排骨，猪肚斜切成块状，每块重约20克，依次放白果、肚块、红枣、湿菇于大碗内，再将原汤调味淋上便成。

技术关键

1. 猪肚要清洗干净。
2. 白果肉有微毒，不要过量食用。
3. 猪肚煮至刚好够腍即可，不宜过烂。

酿油豆腐

名菜故事

酿油豆腐是客家地区常见的家常菜肴，是惠州人过年过节必备的菜式。在惠州博罗的一些乡镇，到了腊月二十七八那几天，油豆腐的价格会一路飙升，比平时翻几倍，因为家家户户都会做油豆腐过年，可见人们对油豆腐的喜爱。油豆腐可以单独食用，也可以与肉或者菜一起焖煮，非常实用。

烹调方法

酿法，煲法

风味特色

味道鲜甜，酥松馅香滑

知识拓展

酿油豆腐馅料有多种变化。

原 材 料

主副料 油豆腐150克，猪夹心肉500克，鲩鱼肉150克，白萝卜150克

料 头 泡发冬菇20克，葱白10克，葱花5克

调味料 精盐5克，味精1克，胡椒粉0.2克，鱼露10克，高汤500克

工艺流程

1 猪夹心肉（上肉）剁成肉末（注意不要剁得太烂），鱼肉去皮后剁成鱼胶，冬菇剁成末，葱白切成葱白末，白萝卜切成粗丝。

2 切好的料全部拌匀，加入盐5克、味精1克、胡椒粉0.2克、鱼露10克做成油豆腐馅料。

3 油豆腐开一个口，将馅料塞满油豆腐（因为油豆腐质地比较酥松，所以馅料要酿九成满）。

4 萝卜丝放入砂锅中，加入高汤和适量的水，加入油豆腐煲熟，撒上葱花和胡椒粉即可。

技术关键

1. 馅料加入鱼肉，使油豆腐更加鲜甜。
2. 油豆腐要煲透，豆腐吃起来酥松，馅香滑。

梅菜剁肉饼

名菜故事

梅菜肉饼，是广东客家地区特色传统菜肴，开胃下饭，口味稍咸，是一道四季皆宜的菜品。

烹调方法

蒸法

风味特色

味道咸鲜，开胃爽口

知识拓展

梅菜主产地为广东梅州、惠州，是广东的特色传统名菜，属于腌制食品。

。○ 原 材 料 ○。

主副料 猪夹心肉300克，梅菜150克

调味料 白砂糖5克，味精0.2克，淀粉3克，花生油10克，胡椒粉0.1克

工艺流程

1 梅菜提前用水浸泡最少3个小时，挤干水分后切成小粒备用。

2 猪夹心肉剁成花生米粒大小，加入梅菜粒一起再剁成馅料，加入调味料一起剁匀，打起胶以后备用。

3 剁好的肉饼平铺在平碟上，镬中烧开水，大火蒸8分钟即可。

技术关键

1. 肉胶不能打得太碎，否则破坏口感效果。
2. 梅菜要先用清水泡淡，咸味过大会影响梅菜的鲜甜。
3. 肉与梅菜末的比例约为2：1。

咸鱼蒸五花肉

名菜故事

咸鱼是客家人喜欢用的一种海味干货调味品,因为味道咸香,风味特殊,深受客家人喜欢。这道菜,咸鱼配以五花肉的滋润,相得益彰。

烹调方法

蒸法

风味特色

味道鲜香,滋味醇厚

○·○ (原)(材)(料) ○·○

主副料	五花肉350克,霉香马鲛咸鱼35克
料 头	姜丝6克,葱花5克
调味料	精盐3克,味精0.3克,白砂糖5克,生抽3克,花生油10克

工艺流程

1 五花肉切成6厘米长、4厘米宽、0.3厘米厚的片,用生抽、盐、味精腌制20分钟,然后将五花肉均匀摆在盘中。

2 霉香马鲛咸鱼清洗干净,切成片铺在五花肉上面,撒上姜丝,淋上少许花生油,镬中烧开水后,将菜放入镬中蒸8分钟,撒上葱花即可。

技术关键

1. 五花肉选料要精良,肥瘦要搭配均匀。
2. 要选用霉香马鲛咸鱼,如果用其他质地比较硬的咸鱼,要先浸泡变软再使用。

知识拓展

咸鱼蒸五花肉,是生活在沿海附近的客家人常吃的一道经典菜。

猪肝粉肠生焗排骨

名菜故事

砂锅菜、煲仔菜分为生焗和汁焗两种做法，猪肝粉肠生焗排骨是东江菜中生焗类菜肴的典型做法。

烹调方法

焗法

风味特色

味道鲜香浓郁，风味十足，有镬气

技术关键

1. 原料要腌制入味。
2. 注意火候，先大火转中火，然后小火焗制。

知识拓展

东江菜中很多菜可以采用煲仔的做法，将原料腌制后，爆香料头，加入肉料，焗至肉料成熟。

° ○ 原 材 料 ° ○ °

主副料 排骨350克，猪肝50克，粉肠50克

料 头 独角蒜50克，姜15克，葱20克，冬菇10克，芫荽10克

调味料 精盐1克，白砂糖3克，生抽5克，胡椒粉0.5克，柱候酱5克，蚝油5克，南乳汁5克，淀粉5克，食用油20克

工艺流程

1 排骨斩件，猪肝、粉肠切成与排骨大小相当的块，吸干排骨、粉肠、猪肝表面的水，加入调味料腌制约20分钟。

2 独角蒜略拍成粗蒜粒，姜切成姜片，冬菇切成菇件，芫荽切成段，小葱切成葱度，备用。

3 砂锅中放油，烧热油，加入姜、冬菇件、独角蒜爆香后，加入腌制好的肉类，先大火烧开加盖5分钟，转中火3~4分钟后再小火加热2分钟，揭盖撒上葱花即可。

葱油捞猪肚

名菜故事

葱油捞猪肚是一道经典的东江风味菜。东江地区人们喜欢食用小红葱，常将红葱头作为调味香料来食用。

烹调方法

煲法，拌法

风味特色

葱香味浓，猪肚爽脆可口

技术关键

1. 猪肚要煲至腍，以仅腍为度。
2. 葱油要炸好，红葱头、葱度比洋葱多一倍，用中小火炸。
3. 拌的时候猪肚要加至温热。

知识拓展

葱油捞猪肚的做法类似北方的凉拌，作为餐前菜食用比较多。

○○  原 材 料 ○○

主副料 猪肚1个（约600克），炸花生米50克

料 头 红葱头200克，葱100克，洋葱100克，芫荽50克

调味料 精盐3克，味精1克，沙姜粉3克，特级酱油（淡口）20克，鸡粉1克，胡椒粒10克，食用油30克

工艺流程

1 新鲜猪肚加入盐、淀粉、白醋抓均匀，去掉肥油，清洗干净，备用。

2 小葱切段，洋葱切成丝，芫荽切成段，葱头略拍扁。

3 镬中放入油，加入洋葱丝、葱度、红葱头炸制出香味，即成葱油。

4 镬中放水，煮开后放入猪肚略烫去除表面的黏液，放入镬中，加入胡椒粒10克（拍碎）煮约25分钟至猪肚腍，将猪肚捞起来，滤干汤汁，切成猪肚块。

5 猪肚（温热）加入调味料拌匀，再加入炸好的葱油、葱度、芫荽段、葱头拌匀即可，撒上炸好的花生米。

酿浮皮

名菜故事

酿浮皮是惠州地道小吃，是客家酿菜中一个比较具有特色的菜肴。因为色泽金黄，形似黄金，两层肉皮夹着肉胶，又称金镶肉，是惠州著名小吃横沥汤粉不可缺少的配料，因为味道鲜美，口感爽韧，深受人们欢迎。

烹调方法

酿法，蒸法

风味特色

味道鲜甜，口感爽韧

知识拓展

酿浮皮可以煎、炒、煲，煎者香，煲者鲜。

◦ ○ 原 材 料 ○ ◦

主副料 肉胶1000克，干浮皮150克

调味料 精盐32.5克，味精1克，胡椒粉1克

工艺流程

1 浮皮清洗干净，镬中烧开水煮制，再拿出漂水，下白醋浸泡，然后吸干水分备用。

2 猪后腿肉放在机器中打成肉胶备用。猪肉胶配方：2500克猪后腿肉、盐32.5克、味精1克、糖3克、胡椒粉1克、冰水600克、木薯淀粉100克、食用碱水10克。

3 浮皮平摊在方盘中，酿入肉胶，面上再放上一层浮皮，用东西压住，将方盘放在镬中蒸熟即可。

技术关键

1. 做肉胶的猪肉一定要用新鲜的猪后腿肉。
2. 浮皮一定要清洗干净油脂，而且酿的时候要吸干水分，否则会浮皮会掉出来。

脆皮猪大肠

名菜故事

脆皮猪大肠是客家人食杂的一个典型菜肴。猪肠先煲后炸，大肠皮脆肉香，风味独特。

烹调方法

煲法，炸法

风味特色

皮脆味甘香，肥而不腻

技术关键

1. 猪大肠要先用白卤水卤制入味。
2. 上脆皮水后要吹干，否则炸起来不脆，颜色不均匀。

知识拓展

脆皮的做法跟脆皮乳鸽的做法类似，只是脆皮水的比例不同，脆皮猪大肠使用麦芽糖的比例较高。

○○ 原 材 料 ○○

主副料 猪大肠头，油炸花生米50克

料 头 姜20克，葱25克

调味料 盐20克，绍酒25克，甘草、香叶、桂皮、八角各5克，食用油750克（耗油50）

脆皮水：白醋500克，麦芽糖200克，大红花浙醋50克，清水150克

工艺流程

1 猪大肠头洗干净，用沸水滚熟，过冷水，洗干净备用。

2 白醋500克、麦芽糖200克、大红浙醋50克、清水150克煮开，做成脆皮水。

3 镬里下清水2 000克，投入盐、绍酒、姜、甘草、香叶、桂皮、八角，滚沸时投入猪肠，用慢火卤，卤至筷子能插入为度，即取大肠，卤汁不用。大肠头吸干水分，趁热淋上脆皮水，然后用牙签撑开，放在风房晾干，或者用风扇吹干（大约5个小时）。

4 起镬下油，油烧至六成热，将猪大肠放在笊篱上，将油舀起，淋在大肠上面，把大肠炸至金黄色，以皮脆为度。

5 捞起大肠，改段长约5厘米，然后改件，大段4件，中段3件，小段2件，摆放碟里。碟边伴芫荽，撒上炸好的花生米，配上酱碟淮盐或者急汁佐食。

猪肺菜干汤

名菜故事

客家人注重食养食疗，在饮食上注重养生。药膳食疗根据季节的变化而选用不同的食材，菜干猪肺汤是一道夏秋季节常见食用汤菜，润肺止咳，有辅助预防治疗感冒、支气管炎症的作用。

烹调方法

煲法

风味特色

味道鲜甜

知识拓展

猪肺菜干汤还可以加入黄豆，以增加汤汁的鲜甜度。

。○   ○。

主副料 猪肺1个，龙骨500克，猪踭肉150克，南北杏5克，蜜枣1个，陈皮3克，菜干75克

料　头 姜块20克

调味料 精盐6克，味精0.2克

工艺流程

1 用灌水法将猪肺反复清洗3遍，然后切成块状，挤干水分，加入盐、淀粉抓匀，清洗干净，飞水后挤干水分备用。

2 龙骨斩件，猪踭肉切成厚块备用。菜干泡水至软，切成5厘米长的段。

3 所有原料放在砂锅中，加水没过原料，大火煲开约10分钟，小火炖煮约1.5小时，加盐、味精调味即可。

技术关键

1. 猪肺要清洗干净，颜色要白。
2. 先大火煲，然后转中小火煲。

客家粉丝煲

名菜故事

粉丝，客家人叫作珍丝。炒粉丝是客家地区人们过年过节的一道必备菜，也是待客的常见菜肴。

烹调方法

炒法

风味特色

滑爽味香，滋味浓郁，色泽金红

知识拓展

粉丝是一种具有美食和民俗寓意的原料，形似白发，寓意长寿，所以在客家人的寿宴中常有用粉丝作为烹饪原料搭配菜肴。粉丝的做法分为干身做法和略有汤汁的做法，前者香，后者鲜。

○○ 原 材 料 ○○

主副料 泡好粉丝500克，芹菜段25克，葱白5克

料 头 蒜头5克，泡发冬菇10克，泡发虾米15克，鱿鱼20克，葱花3克

调味料 生抽5克，鱼露5克，老抽2克，胡椒粉0.3克，猪油30克，蚝油3克

工艺流程

1 粉丝泡发好，略切断备用，将蒜头剁成蒜蓉，虾米、冬菇、鱿鱼分开剁成末，备用。

2 镬中放入猪油，将蒜头、虾米、冬菇、鱿鱼末爆香后加入生抽、老抽、蚝油，加入少许水煮开，将粉丝放入，略炒，让粉丝吸收汤汁的味道，再将粉丝炒干、炒香，加入芹菜段、葱白，烹入鱼露，炒匀至粉丝有香味，装入砂锅即可。

技术关键

1. 粉丝泡5分钟左右即可，泡过了容易炒烂。粉丝一定要炒制干身，否则味道不香。

2. 粉丝主要靠吸收爆香料头后煮出汤汁的味道来增香，因此料头要丰富。

（四）韶关风味菜

煎焖禾花鱼

名菜故事

禾花鱼，又称禾花鲤，为鲤科油水性小型鱼类，长期放养在稻田内，因采食落水禾花，其鱼肉内具有禾花香味而得名。禾花鱼肉质细腻，刺少肉多，骨软，无腥味，蛋白质含量高。我国禾花鱼养殖历史悠久，据说乾隆皇帝下江南时曾品尝过禾花鱼，对其赞不绝口，此后也被列为朝廷贡品。

烹调方法

煎焖法

风味特色

味道鲜美，清甜可口，原汁原味

知识拓展

禾花鱼可用于清蒸，也可用于滚汤、香炸或干煎。

   ○ 原 材 料 ○○

主副料 禾花鱼500克，丝瓜100克

料 头 蒜片5克，姜花20克，葱榄10克，青椒圈5克，红椒圈5克

调味料 精盐5克，味精3克，胡椒粉3克，绍酒30克，芝麻油5克，花生油150克，上汤300克

工艺流程

1 禾花鱼洗干净，挑出苦胆。

2 丝瓜洗干净切成日字件，飞水备用。

3 禾花鱼煎熟，煎至金黄色。

4 猛火阴油，放入料头爆香，再放入煎好的禾花鱼，放绍酒，加上汤、丝瓜，中小火焖至入味，放胡椒粉、芝麻油、尾油装盘即可。

技术关键

1. 禾花鱼煎至金黄色，不能有焦烟味。
2. 焖的时候既要入味又不能焖至太烂。

香滑乡村鱼

名菜故事

南雄的农村家家户户都围山塘养鱼，而山区的水质清甜，用杂草饲养出来的鲩鱼肉质嫩滑，口感微甜。客家人喜欢用鲩鱼、豆腐、辣椒做成一煲鲜嫩香辣的菜肴，来南雄一定要尝尝客家香滑乡村鱼。

烹调方法

焖法

风味特色

鱼肉嫩滑，汤宽汁浓，口感鲜嫩，香辣可口

技术关键

1. 鱼肉煎制时，火候不宜太高，煎至两面金黄色。
2. 焖制时使用中火，焖至仅熟即可。

知识拓展

苦瓜焖三黎鱼烹制方法与此基本相同，但是三黎鱼是腌制后，拍上干淀粉，用150℃油温浸炸熟后再焖制。

○○ 原 材 料 ○○○

主副料 净鲩鱼1条（重约600克），水豆腐100克，油豆腐50克

料 头 姜片10克，葱榄10克，蒜片5克，青蒜段10克，青红椒件各25克，干辣椒2克

调味料 精盐6克，味精4克，白砂糖2克，老抽5克，胡椒粉2克，蚝油10克，绍酒10克，芝麻油1克，胡椒粉2克，二汤300克，食用油1000克（耗油50克）

工艺流程

1. 鲩鱼开边，再斩成长5厘米、宽3厘米的日字件，水豆腐切成日字件。

2. 精盐、白砂糖、鸡蛋液与鱼肉拌匀，腌制20分钟。

3. 猛火阴油，将鱼肉排于镬中，用慢火煎至两面呈金黄色，倒入笊篱内沥去油。

4. 烧镬下油，放入姜片、蒜片、青蒜段、干辣椒，在镬中略爆炒至香，烹入绍酒，加入汤水、鱼肉、水豆腐、油豆腐、青红椒件，调入精盐、味精、鸡粉、蚝油，盖上镬盖，用中火焖至鱼肉仅熟，用淀粉、芝麻油、胡椒粉、老抽勾芡，加入尾油和匀，装盘，撒上葱榄。

白辣椒炒鱼干

名菜故事

白辣椒是由新鲜尖椒经飞水和用盐腌制后，入坛发酵至变白而成。当年，乐昌籍抗日战士离乡远征时，都会携带这一家乡特产，食用时选用江河小鱼干，味道极佳，且能提神醒胃，驱寒健体。

烹调方法

熟炒法

风味特色

白椒色黄，有坛香味，鱼干，香味浓郁

。○   料 ○。

主副料	山坑鱼干300克，白辣椒段100克
料 头	蒜蓉1克，姜片10克，葱度50克
调味料	味精5克，生抽20克，山泉水200克，蚝油10克，芝麻油5克，食用油800克（耗油30克）

工艺流程

1　猛火烧油至150℃，放入鱼干炸片刻，用笊篱捞起，沥去油。

2　猛火阴油，放入姜片、蒜蓉爆香，放入白辣椒段和山泉水。

3　待白辣椒段煮出味后，放入鱼干焖透，最后加入葱度，调入调味料，炒匀后装盘。

技术关键

1. 鱼干可炸，也可煎制。
2. 白辣椒需焖出味后才能加入鱼干，否则会影响其口感。

知识拓展

韭菜花炒鱼干制法与此相同。韭菜花入镬炒制的时间不能太久，以免影响口感。

清蒸光倒刺鲃

名菜故事

光倒刺鲃，又名石娟、坚钟鱼，主要生长在珠江流域上游的北江、西江，属水中下层鱼，常年栖息于水流湍急、水质清澈、多石砾的溪流中。光倒刺鲃体态靓丽，肉质鲜美。现野生资源稀少，在韶关市浈江区已成功养殖。

烹调方法

蒸法

风味特色

清鲜嫩滑，味道鲜美，肉色洁白，鳞片爽脆

原 材 料

主副料	光倒刺鲃1条（重约750克）
料 头	姜片15克，姜丝10克，葱10克
调味料	精盐25克，生抽5克，花生油15克

工艺流程

1 鱼去鳃、去内脏，留下鱼鳞，洗净待用。

2 把盐均匀抹在鱼体内外，用原条葱垫碟底，鱼摆放碟中，淋入少许花生油，入蒸笼内猛火蒸8分钟。

3 蒸好的鱼取出，去姜葱，撒上姜丝、葱丝，淋上热油增香，最后加生抽调味即成。

技术关键

1. 必须用猛火加热，这样可使成熟的鱼肉保持鲜嫩。
2. 掌握好熟度。

知识拓展

豉油皇蒸鳜鱼的做法与此相同。

生炖丰江河鱼仔

名菜故事

有一千多年建制的新丰县，传统就有偏爱吃河鱼的习惯。相传古时女人坐月子少奶水，农夫下河里抓河鱼煲汤给产妇吃，可以增加奶水。丰江河鱼以山坑鱼为主，如猪麻锯、角钳、鲶鱼、河鲤、河鲩、尺眼鱼、炮鲢鱼、沙禄鱼、牛尾角鱼、山坑黄角鱼等。

烹调方法

煮法

风味特色

肉质鲜美，汤菜合一，汤味鲜甜

主副料 丰江河鱼仔500克

料 头 姜20克，红葱20克

调味料 精盐5克，花生油10克，山泉水250克

工艺流程

1 丰江河鱼仔宰杀干净备用。

2 加入精盐拌匀，再加入花生油拌均匀略腌制。

3 山泉水放入瓦锅中烧开后加入姜，煲出姜味再放入丰江河鱼仔煮至七成熟。

4 放入红葱煮至河鱼全熟，加入少许花生油即可。

技术关键

1. 根据原料的特性正确选用加工方法以及火候。
2. 汤汁量不宜过多。
3. 一般不勾芡，留原汤。

知识拓展

新丰人将用瓦锅烹制原料的方法叫作炖。

黄焖酸笋鸭

名菜故事

酸笋焖鸭在南雄广为盛行。南雄农家腌制的酸笋，味道独特，爽脆无水渍味，酸味醇而不呛喉，与本地麻鸭焖制，闻而不腥，酸而不腻。

烹调方法

焖法

风味特色

汁浓，味厚，肉料入味

技术关键

1. 鸭肉先飞水去血水和污物。
2. 焖制时加汤水要一次加足，并且加盖，可保持香味。
3. 焖制时宜用中火，勾芡时要均匀。

知识拓展

梅岭鹅王烹制方法与此基本相同，但不勾芡，焖至自然收汁装盘便成。

○○ 原 材 料 ○○

主副料 光鸭1只（1500~2000克），南雄酸笋250克，八角5颗，沙姜5克，小茴香2克，香叶2克，桂皮10克，豆蔻3克，陈皮5克，啤酒1瓶，湿淀粉50克

料 头 蒜头25克，姜50克，干椒50克

调味料 精盐30克，味精30克，黄片糖40克，老抽30克，食用油200克，芝麻油20克，绍酒10克，上汤约2000克，八角5颗

工艺流程

1 光鸭洗净、斩件，蒜头去皮，姜切厚片并拍松，酸笋切厚片。

2 斩好的净鸭飞水，炒干。

3 猛火阴油，加入食用油，加热至约100℃，放入姜片炸至浅金黄，倒入笊篱。

4 放入蒜片、姜片、八角、沙姜、小茴香、香叶、桂皮、豆蔻炒香，再把炒干的鸭肉、酸笋件放入，烹入绍酒，再爆炒至香，随即加入啤酒、上汤（以盖过鸭面为准）、黄片糖、精盐、味精，加上镬盖，先大火烧开再转小火焖至肉质软滑，用湿淀粉、芝麻油勾芡，加入尾油和匀，装盘或放入瓦煲。

梅岭鹅王

名菜故事

梅岭鹅王是南岭颇有名气的一道菜。梅岭山区环境优美，水质优良，且无污染，孕育出品质极佳的梅岭鹅，使梅岭鹅与其他地方喂养的鹅口感大为不同，被称为梅岭鹅王。

烹调方法

焖法

风味特色

味香浓辣，柔韧多汁

技术关键

1. 米酒、鹅杂、黄辣椒三样材料不可少。
2. 鹅肉需炒香、上色后才可加入米酒和清水焖制。

知识拓展

梅岭鹅王菜式偏辣，制作时可适当减少辣椒的使用量。

∘○ 原 材 料 ○∘

主副料 光鹅500克，辣椒干25克，草果15克，桂皮10克，陈皮5克，清水500克

料 头 本地大蒜50克，老姜50克，黄辣椒5克，青红辣椒各10克，花椒3克

调味料 精盐6克，味精5克，老抽25克，米酒150克，绍酒10克，食用油200克

工艺流程

1 光鹅洗净、斩件。

2 鹅件放镬里加入清水、花椒、绍酒飞水，捞出用清水洗净，沥干水。

3 猛火烧镬，加入食用油、老姜、大蒜爆香，然后加入鹅肉进行爆炒，再加入米酒焖10分钟。

4 加入清水，放入香料包（草果、桂皮、陈皮）、辣椒干、黄辣椒、精盐、味精、老抽等再焖40分钟。

5 焖至收干汤汁，加入青红辣椒块装盘即可。

◦○ 原 材 料 ○◦

主副料	红薯淀粉150克，鸡蛋7个，清水500克
料 头	葱花5克
调味料	精盐6克，鸡汁3克，芝麻油1克，食用油150克

薯粉焖蛋

名菜故事

薯粉焖蛋源于传承农耕年代。在收入拮据和物资匮乏的条件下，父母要养活一家几口，实属不易，唯有在有限的食材中多添加些杂粮淀粉来增大分量，做成一菜多食，来解决一家人吃饭问题。薯粉焖蛋已成为翁源客家的一道地方美食。

烹调方法

焖法

风味特色

汤色浓白，味道鲜美，蛋味浓郁，松滑软糯

知识拓展

此菜可加些酸菜、酸笋、猪肉等做成比萨薯粉蛋，亦可切成丝炒或抹上肉馅卷成春卷形。

工艺流程

1 红薯淀粉放入盆内，用50克清水搅拌成浆状后敲入蛋并搅匀。

2 铁镬烧热下油，倒入粉蛋浆慢火煎至两面微黄。

3 煎好的蛋一开三切成长形，再横切成长方片状，放入镬中加水，加盖焖制，焖至汤色浓白，蛋片软滑略发大，调味并撒葱花、下芝麻油即可。

技术关键

1. 红薯淀粉要先用少量水浸湿透再加蛋搅拌，不能直接用蛋搅拌，易起干粉粒。
2. 加水焖时一定要盖上盖，用大火焖。

茶油焗鸡

名菜故事

有位产后体弱、皮肤起满红斑、不思饮食的产妇，四处求医问药。后一老农听后，采茶果压榨茶油送给了她，并随手带上自家养的土鸡。收到茶油后，产妇涂抹数日，红斑消退，面色红润。之后，这位产妇把农户的鸡宰了用来补身。在煮的过程，错把茶油当作花生油使用，结果烹煮中香味四溢，尝食后鲜香、嫩滑、无腥味，从此，茶油鸡便流传了下来。

烹调方法

焗法

风味特色

味鲜香，肉质嫩滑

知识拓展

茶油焗鸡是客家人传统的做法，也可以制作焗鸭、焗乳鸽等系列菜肴。

○ 原 材 料 ○

主副料 光鸡项1只（约1 250克），茶油100克

料 头 蒜蓉5克，姜片25克，葱条25克

调味料 精盐10克，味精5克，白砂糖2克，生抽20克，五香盐15克，八角1.5颗

工艺流程

1 光鸡洗净，沥干水分，然后用精盐、味精涂匀内外，再将葱条、姜片、八角塞进鸡内腔，外皮涂上生抽。

2 葱放入镬中垫底，放入光鸡，加入茶油，加上镬盖，用中火加热25分钟，沥出原汁，待用。

3 取出鸡内腔的葱条、姜片、八角，放在盘中，鸡斩件，装盘砌回鸡形，最后淋上原汁。

技术关键

1. 选用肥嫩的小母鸡，保证肉质的嫩滑。
2. 焗制时宜用中火，要掌握好原料的熟度。

三、客家地方风味菜

145

乳源蒸咸鸭

主副料	光鸭1只（1750克）
料　头	姜片5克，长葱条2根
调味料	精盐40克，花生油50克，八角2粒颗

名菜故事

鸭肉营养丰富，蛋白质含量高，性凉、味甘，最大特点是不温不热，夏天食用清热去火。乳源蒸咸鸭是选用山溪放养的麻鸭，加精盐腌制后，肉质更紧实，突出了鸭子原味，清鲜咸香，无异味。

烹调方法

蒸法

风味特色

味咸鲜，骨肉留香

工艺流程

1　光鸭洗净，用精盐、花生油全身腌制，将姜片、长葱条、八角塞入鸭腔内，然后用竹签封口，腌制2小时。

2　腌制好的光鸭放入蒸笼里蒸40分钟至熟透。

3　放置自然冷却，斩件装盘，淋上原汁即可。

技术关键

选用乳源的麻鸭为好，腌制用的花生油一定要用本地土榨的，这样香味才会更好。

知识拓展

也可以将鸭子洗净放入白卤水中浸熟，制成白切鸭。

乐昌擦菜鸡煲

名菜故事

乐昌擦菜由来已久。乐昌山区隆冬腊月霜雪多，种植大芥菜经霜雪后甜度高。乡村民众为解决来年春耕时缺乏蔬菜的问题，把经霜雪的大芥菜自然风干至七成干后擦软入缸，加少许盐，放至阴凉室内储存，以备不时之需。经腌制发酵的蔬菜，清香扑鼻，香甜可口。

烹调方法

煲法

风味特色

擦菜香浓爽口，鸡嫩滑爽口

。○ (原)(材)(料) ○。

主副料 光土鸡1只（约重1250克），擦菜300克，白辣椒100克

料 头 姜片15克

调味料 精盐5克，鸡精2克，食用油20克

工艺流程

1 土鸡斩成3厘米的方形，洗净原料。

2 擦菜清洗干净后切碎，用热镬炒干水分至香味浓时取出备用。

3 瓦煲加热，爆香姜片、白辣椒，放入鸡件爆香。

4 加入擦菜和清水，先用猛火加热至滚，改用慢火加热15分钟至熟即可。

技术关键

1. 擦菜无异味、杂味，以带微黄为佳。
2. 煲鸡的过程，以慢火加热为主，切勿大滚。

知识拓展

擦菜味寡，加入鸡或其他肉类与其一起烹煮，味更佳。

沙田鹅醋钵

名菜故事

地处粤北山区的新丰县，农户家家有中秋节过后开始喂养鸡、鹅过肥年的习惯。春节时则挑选最肥、最大的公鸡、公鹅祭拜祠堂先祖，祭拜后将熟鹅、自家腌制的酸荞头用瓦煲焖制，烹出酸甜可口、肉质柔韧入味的传统客家美食——鹅醋钵。央视《味道》栏目曾对此菜品做过专题报道。

烹调方法

熟焖法

风味特色

酸甜可口，生津开胃，别具风格

○ ○ 原 材 料 ○ ○

主副料	农家草鹅500克（养140天左右为佳），酸荞头50克
料 头	姜片15克，蒜蓉5克
调味料	精盐5克，冰糖片25克

工艺流程

1　草鹅放血（血加酸荞头水拌匀），待用。

2　草鹅去毛取内脏，整只蒸熟后斩件。

3　加入姜片、蒜蓉，再把酸荞头、鹅血、精盐、冰糖等放入瓦钵，用中慢火焖至鹅肉软腍入味即可。

技术关键

1. 鹅先整只蒸熟后再斩件焖制。
2. 焖制时宜用中火，且要加盖。

知识拓展

将焖好的鹅醋钵加入黄桃肉、番茄、木瓜、西芹翻炒，则变成时尚养生水果甜酸鹅醋钵。

云髻紫苏鸭

名菜故事

紫苏，具有特异芳香，味微辛，能散表寒、发汗力较强，可用于风寒症、发热干汗等症。相传很早以前，新丰一老农在农忙时节，经常日晒雨淋，长期生病，后得到一位白发仙人指点，用紫苏叶、姜片、田鸭入药炒食后病愈。现在，紫苏鸭已成为当地一道特色菜肴。

烹调方法

生焖法

风味特色

肉鲜味浓，具紫苏独特的香味

○ ○ 原 材 料 ○ ○

主副料 放养田鸭500克（养110天左右最好），清水500克

料 头 姜片10克，蒜头10克，葱度10克，紫苏叶25克，红葱苗10克

调味料 精盐10克，花生油25克，绍酒10克

工艺流程

1 田鸭宰杀放血（血加盐拌匀成鸭酱），去毛取内脏，清洗后斩小块备用。

2 紫苏叶切丝，蒜头剁成粒，红葱苗切段备用。

3 烧热镬放少量花生油，将紫苏叶丝、红葱苗、蒜粒、姜片、葱度炒香，加入鸭件烹入绍酒，再爆炒至香，随即加入清水、鸭酱，盖上镬盖，用中火焖至肉质软脸，收汁即可。

技术关键

1. 焖制时汤水要够，且要加盖，以保持香味。
2. 焖制时宜用中火。

知识拓展

生焖狗肉的制法与此道菜做法大致相同。

农家蒸猪红

名菜故事

计划经济时代，农村自家养殖的生猪，都由政府安排专人下乡宰杀和收购，大部分猪肉都要上交，养猪户只得到部分猪肉、粉肠、大肠、猪红（即猪血）。猪红只能趁新鲜吃，不能隔天，所以人们就将所得到的猪红加些粉肠和猪油渣一起蒸着吃，久而久之就形成了这道至今都很受欢迎的地道农家菜。

烹调方法

蒸法

风味特色

口感细嫩、香滑，入口即化，色泽鲜明

知识拓展

猪红蒸好后，可加肉料，也可淋蚝油芡或单独放葱花。

∘○ 原 材 料 ○∘

主副料 新鲜猪红500克，粉肠50克，猪油渣50克，猪肝片50克，油条50克

料 头 姜末10克，干葱头25克

调味料 精盐5克，味精3克，胡椒粉5克，芝麻油5克，花生油50克

工艺流程

1 猪红以1∶2的比例兑水搅拌均匀，然后盛入鲍鱼碟入蒸柜慢火蒸约15分钟至熟取出。

2 粉肠洗净切成2厘米长条形。

3 猪油渣切粒，油条切碎粒，干葱头切碎。

4 起油镬，将干葱头、姜末爆香，加入猪肝、粉肠炒熟，再放入猪油渣，加入调味料炒匀，勾芡淋在已经蒸熟的猪红上，加入油条碎即可。

技术关键

1. 猪红兑水的比例要掌握好。
2. 火候掌握要到位，用慢火蒸。

香脆咕噜肉

名菜故事

在韶关地区，香脆咕噜肉是颇具盛名且家喻户晓的地方风味家宴菜，其年代久远，口味独特，以仁化石塘镇的烹制著称。

烹调方法

炸法

风味特色

色金黄，香酥，表皮爆开，松脆可口，麦香浓烈，且呈蜂窝状，肉块形状均匀

技术关键

1. 五花肉改花刀时下刀的深度要均匀。
2. 五花肉上浆前拍上薄的面粉，粘脆浆时要均匀。
3. 油温要适当，放入油镬炸时要注意手法，要掌握色泽和原料的熟度。

○ ○ 原 材 料 ○ ○

主副料 五花肉250克，面粉150克，淀粉30克，鸭蛋2个，生油30克，清水60克，泡打粉3克

料 头 生葱10克

调味料 精盐5克，味精5克，川椒2克，石塘米酒5毫升，食用油2000克（耗油50克）

工艺流程

1 五花肉用刀片薄，先花刀后切成菱形，然后用精盐、味精、石塘米酒、葱、川椒末腌制待用。

2 鸭蛋磕开用碗盛起，加入面粉、淀粉、泡打粉和清水用竹筷拌匀成浆，然后加入食用油，再搅拌均匀成为脆皮浆。

3 猛火烧镬，放入食用油，加热至约150℃时，将腌制好的五花肉放入脆皮浆内，均匀地裹上脆皮浆，用筷子夹起放入油中炸至金黄色，捞起、沥去油，装盘即可。

知识拓展

炸芙蓉肉烹制方法与此基本相同，但在上菜时需配上甜酱作为佐料。

煲焖团子肉

名菜故事

地处广东最北部的乐昌地区，春节期间从年初一至元宵家家户户都是用团子肉来招待客人。除夕之夜的"团年饭"，团子肉也是每家每户必备的菜肴，寓意家庭团结，团团圆圆，幸福美满。

烹调方法

熟焖法

风味特色

色泽红亮，香味浓郁，入口易化，肥而不腻

技术关键

1. 煮五花肉时要掌握好熟度，以用筷子刚好插入猪皮为好。
2. 炸色时油温要偏高，但要注意操作安全。
3. 焖制时要掌握好火候。

知识拓展

如果觉得五花肉较为肥腻，可在煲底添加一些果蔬类，吸收油分，荤素搭配，更利于健康。

原材料

主副料	五花肉750克，清水2000克
料头	姜块15克，蒜头10克
调味料	精盐5克，味精5克，生抽10克，浙醋100克（上色），食用油2000克（耗油50克），香叶10克，八角5颗

工艺流程

1 五花肉用刀片刮干净表面的细毛，然后放入瓦煲内，加入清水、八角、香叶，加盖煲至熟透。

2 煲熟的五花肉用戳针或竹签在表皮上戳针孔，擦上浙醋。

3 烧镬放油，待油温升至180℃时，放入五花肉炸至起蜂巢时捞起，浸清水2小时至透身。

4 五花肉切成4厘米×4厘米的块状。

5 猛火热镬，将蒜头、姜块爆香，放入切好的五花肉，烹入绍酒，再爆炒，调入精盐、味精、生抽加水焖透，装盘。

北乡酿马蹄

名菜故事

乐昌有"中国马蹄之乡"之美誉，以北乡山区出产的最优。北乡马蹄不但营养丰富，而且有极高的药用价值，具有清热解毒、生津止渴、润肺化痰、明目的药用功效。北乡酿马蹄这道菜，在乐昌当地已流传很久。以前当地人把马蹄去皮生吃或煲水喝，吃法简单，后来将其融入当地菜谱和风味小吃上，颇受顾客欢迎。

烹调方法

蒸酿法

风味特色

鲜甜爽滑，色泽鲜明，造型美观

知识拓展

百花煎酿竹荪的制法与北乡酿马蹄相似，酿入的为涨发好的竹荪。

○○ 原 材 料 ○○

主副料 马蹄400克，去皮五花肉200克，冬菇10克，干虾米10克

料 头 葱头5克

调味料 精盐5克，味精3克，白砂糖2克，胡椒粉1克，芝麻油1克，淀粉10克，上汤200克，食用油10克，绍酒10克

工艺流程

1 马蹄洗干净去皮，然后在马蹄中间挖空一部分。

2 五花肉、冬菇、虾米、葱头剁碎加味料、淀粉挞成猪肉胶。

3 干淀粉撒在马蹄表面，把猪肉胶酿在挖好的马蹄上，用清水抹平表面，然后放入蒸柜蒸熟取出。

4 猛火阴油，烹入绍酒，加入上汤，调入精盐、味精、白砂糖，用湿淀粉、芝麻油、胡椒粉勾芡，加入尾油和匀，淋在菜品表面即可。

技术关键

1. 酿制时马蹄要吸干水分、抹上干淀粉。
2. 蒸制时要使用猛火，以保持熟度一致。

三、客家地方风味菜

大塘扣肉

客家风味菜烹饪工艺

名菜故事

粤北的客家人逢年过节都会准备几碗香芋扣肉招待客人。30多年前，普普通通的客家妇女杨玉英开始潜心钻研香芋扣肉的做法，成功后，她在大塘镇上开了间取意天地人和的"三和饭店"，用本地食材专做香芋扣肉。至此，大塘扣肉开始为广大食客称赞并口口相传，生意蒸蒸日上，加之其待客热情，善于经营，原有砖瓦房的饭店逐渐发展成为今天集食宿餐饮为一体的多层大饭店。

○○ 原 材 料 ○○

主副料 带皮五花肉500克，去皮芋头550克，熟菜胆10条

料　头 蒜头5克

调味料 精盐5克，味精5克，白砂糖15克，生抽15克，老抽10克，南乳15克，米酒15克，八角末1克，芝麻油1克，芡汤15克，湿淀粉20克，食用油1000克（耗油50克）

工艺流程

1. 用小刀刮去五花肉皮上的细毛，洗净，放入汤煲内煲至八成熟，取出用干净的毛巾擦去水分，趁热在猪皮上涂上老抽，随即用铁针在皮上插密孔。

2. 滑镬，加入食用油，加热至180℃，用笊篱托着，皮朝下放入镬中炸至皮色大红，捞出沥去油，放入清水浸漂至皮浮涨。

3. 用刀将芋头切成长6厘米、宽3.5厘米的斧头件，五花肉也切成与芋头大小相同的双飞片。

4. 在镬中加入食用油加热至140℃，放入芋头浸炸至金黄，捞起沥去油。

5. 南乳、味精、白砂糖、八角末、蒜蓉、米酒、生抽、老抽加入五花肉件内拌匀，然后以一件肉中间夹一片芋头，五花肉皮向下，排放在扣碗里，放入蒸柜蒸约90分钟，取出扣在盘上，用原汁勾芡后淋在扣肉表面，菜胆围边即可。

烹调方法

扣法

风味特色

色泽铁红，肉质肥而不腻，
香浓软滑

技术关键

1. 煮五花肉时要掌握好熟度，以筷子刚好插入猪皮为好。
2. 要遵循先涂老抽后插针的顺序。
3. 炸色时，油温要高，但时间不宜过长，并注意操作安全。
4. 扣制加热时间要掌握好，通常加热时间要90分钟。

知识拓展

类似这种做法的菜肴还有"柚皮扣肉""粉葛扣肉"等菜肴。

荷香糯米骨

名菜故事

糯米香而软滑，富含维生素，有暖胃、补益中气，对胃寒有一定缓解作用。用糯米入菜，可选原颗或制成糯米粉使用。糯米不易消化，不宜一次食用过多。

烹调方法

蒸法

风味特色

味鲜，肉多汁

原材料

主副料	排骨500克，糯米250克，荷叶1张
料 头	葱花10克，红椒粒10克
调味料	精盐4克，白砂糖4克，味精3克，南乳10克，五香粉1克，花生油10克

工艺流程

1 排骨斩成4厘米长，用精盐、南乳、五香粉、白砂糖、花生油、味精腌制2小时。

2 糯米用清水浸泡2小时待用。

3 排骨逐件粘上湿糯米，用竹笼垫上荷叶蒸20分钟，撒上葱花、红椒粒即可。

技术关键

糯米需要足够的浸泡时间，以2小时以上为好，使糯米吸透水膨胀，蒸出来才会糯香浓郁，弹牙。

知识拓展

将腌制好的排骨直接炸，可制成客家南乳骨；也可将腌制炸好的排骨用绍酒200克、啤酒200克、生抽20克煲脸收汁，制作客家人最喜欢吃的酒香排骨。

豆豉焖猪肉

名菜故事

相传200多年前，有位耄耋之年的老人儿孙满堂。其中有一个女儿，夫家是制作豆豉的，女儿回娘家探亲时，携带一块猪肉和自制豆豉，但因天热无法保鲜，女儿只好在家中煮好猪肉，再带去探父。老人因年事已高，牙齿早已掉得七七八八，所以将猪肉、豆豉、蒜头、姜放入瓦砵，煲至入口即溶。老人吃过此菜后，食欲大增，从此，儿女们回来探望老人都会带猪肉和豆豉。老人常吃豆豉焖猪肉，胃口大开，心情愉悦，活至百岁，于是当地人把豆豉焖猪肉当作孝顺老人的长寿菜。

烹调方法

焖法

风味特色

软滑香浓，营养可口

知识拓展

用此种烹调方法，可把原料改为兔肉、牛腩、鸭、鹅等，形成不同风味的菜肴。

  ◦○ (原)(材)(料) ○◦

主副料	五花肉300克，清水500克
料 头	蒜蓉5克，姜米5克
调味料	精盐2克，白砂糖3克，生晒豆豉25克

工艺流程

1 洗净的五花肉切成长6厘米、宽5厘米、厚0.6厘米的片，姜、蒜剁小粒备用。

2 五花肉放入瓦煲炒至出油，然后加入姜米、蒜蓉、豆豉炒香。

3 加入清水焖制15分钟，待收汁后装盘即可食用。

技术关键

1. 五花肉中加入姜米、蒜蓉炒制可以增加香味，但火候不宜过猛。

2. 焖制时汤水要一次加够，还需加盖，以保持香味。

煎酿樟市黄豆腐

名菜故事

樟市地处韶关市曲江区西南部，属丘陵山地，盛产纯天然黄栀子。黄栀子具有泻火除烦、清热利尿等功效，用黄栀子染色豆腐，把传统与天然搭配发挥到了极致。

烹调方法

煎酿法

风味特色

色泽金黄，形态完整，味汁香浓

技术关键

1. 酿制时拍上薄干淀粉，让主副料更好黏合，不易脱落。
2. 煎制时要用中慢火，煎至肉表面馅呈金黄色。
3. 掌握好熟度，勾芡要均匀。

知识拓展

煎酿双宝做法与其相同，只是选用的食材是圆椒和苦瓜。

  ○○ 原 材 料 ○○

主副料	樟市黄豆腐8块，手剁猪肉馅300克
料 头	红葱头蓉2克
调味料	精盐2克，味精5克，白砂糖3克，蚝油5克，生抽5克，绍酒10克，湿淀粉10克，芝麻油1克，上汤200克，食用油300克

工艺流程

1 黄豆腐从中间一开二，然后酿入猪肉馅并用清水抹平表面。

2 猛火阴油，端离火位，将酿好的豆腐放入热镬中，用中慢火将肉馅表面煎至金黄，倒入笊篱。

3 放入红葱头，略炒至香，烹入绍酒，加入上汤，放入豆腐，调入精盐、味精、白砂糖、蚝油、生抽，盖上盖子用中慢火加热至熟，用湿淀粉勾芡，装盘即可。

乐昌花生豆腐

名菜故事

乐昌北部广大农村地区一直以来有偏爱吃花生豆腐的习惯。制作方法有多种，用花生麸制作最典型。每逢春节等好日子，梅花镇很多人家都会做花生豆腐。以农家自产花生为材料，采用传统的制作工艺做成具有本土特色的花生豆腐。

烹调方法

煲法

风味特色

带有特有的花生香味，营养丰富

技术关键

1. 猪肉要新鲜，吸干水分后再打制肉馅。
2. 以搅拌为主，挞为辅。
3. 花生豆腐炸后皮较硬，需充足汤水煲制才软滑。

知识拓展

花生豆腐可焖制或搭配作火锅料。

原 材 料

主副料 油炸花生豆腐300克，剁好的猪肉馅200克，胡萝卜粒50克，水发冬菇粒50克，干葱头粒10克

料 头 葱花10克

调味料 精盐4克，味精5克，生抽10克，胡椒粉5克，食用油50克

工艺流程

1 猪肉馅放入盆中，加入精盐、味精搅拌至起胶。

2 加入胡萝卜粒、水发冬菇粒、干葱头粒、生抽、胡椒粉，一起搅拌匀，制成肉馅。

3 油炸花生豆腐掏空酿满肉馅，将酿好的豆腐煎至金黄。

4 煎好的花生豆腐放入砂锅，有肉馅的一面朝上，加入肉汤，汤量以刚浸过花生豆腐为准，调入调料后用中火煲至花生豆腐出味，最后撒上葱花即可。

梅花姜炒猪肚

名菜故事

梅花姜为乐昌北部山区名优食材，其品质颇受人们认可，是家宴必不可少的主要佐料。姜农偏爱把嫩姜芽用当地红椒加盐入缸腌制。腌制后咸酸适口，风味独特。

烹调方法

炒法

风味特色

梅花姜芽爽嫩，猪肚爽脆，菜肴美观，芡色匀亮

知识拓展

梅花子姜酸度适口，可作餐前小食，配炒内脏肉料可去腥解腻。

° ○ 原 材 料 ○ °

主副料 猪肚200克，梅花子姜片300克

料 头 西芹50克，蒜蓉3克，红椒米3克

调味料 精盐3克，味精3克，胡椒粉2克，绍酒10克，肉汤30克，湿淀粉10克，芝麻油2克，辣椒油5克，食用油100克

工艺流程

1 西芹切成榄形，加入肉汤煸炒至刚熟。

2 新鲜猪肚用淀粉和盐清洗擦净，然后改切成肚仁。

3 烧热炒镬，加入沸水，放入猪肚飞水，倒入笊篱，用清水洗净。

4 猛火阴油，先爆炒猪肚，然后加入蒜蓉、红椒米、西芹、梅花子姜片，烹入绍酒，略炒至香，调味，勾芡，加尾油和匀，装盘。

技术关键

1. 生炒猪肚要求脆爽，不要过火；梅花姜咸酸可口、无杂味。
2. 刀工处理时要均匀，煸炒要掌握好时间。

甜酒酱蒸五花肉

名菜故事

糯米甜酒，客家人又称娘酒，它是由糯米酿制而成，口味香甜醇厚，含酒精量低，深受客家人喜爱。甜酒受热后能与肉类中的脂肪起酯化反应，生成芳香物质，使菜肴增加香味，能促进食欲，帮助消化，温寒补虚，润肤美容。

烹调方法

蒸法

风味特色

肉入味汁多，层次分明，葱丝醒胃，花生米香脆

知识拓展

也可将腌制好的五花肉粘上蒸肉粉蒸熟后炸制，即变成香酥粉蒸肉。

○○ 原 材 料 ○·

主副料	五花肉300克
料 头	葱白丝25克，炸花生25克
调味料	精盐2克，味精2克，白砂糖2克，柱侯酱3克，叉烧酱5克，南乳5克，客家甜酒10克

工艺流程

1 五花肉改切成为长5厘米、宽2厘米、厚0.4厘米的日字件，洗净，沥干水。

2 客家甜酒、柱侯酱、叉烧酱、南乳、精盐、味精、白砂糖拌匀成甜酒酱，放入五花肉拌匀，腌制10分钟。

3 五花肉排砌整齐在鸡公碗中，入蒸笼蒸12分钟。

4 取出后在蒸好的五花肉上面依次撒上葱白丝和炸花生米即可。

技术关键

1. 切配原材料要整齐划一，厚薄均匀。
2. 原料放入扣碗内时要整齐排放。
3. 掌握好原料加热时间。

盐烧猪手

名菜故事

盐烧源于客家常用的盐制菜肴，此款菜最大的特点是烧制，且盛行粤北山区，是客家传统与时代融合的创新菜肴。猪手中含有大量的胶原蛋白，它在烹调中可转化成明胶，能增强代谢，有效改善人体生理功能，延缓皮肤衰老，有“活血脉、润肌肤”的作用。

烹调方法

炸法

风味特色

味咸香，皮脆，色泽大红。

知识拓展

猪手可以放入咸香卤水中煲脸，放在冰柜浸12小时，取出斩件，可变成黄金猪手。

原材料

主副料 猪手2500克，红曲米50克，清水2500克

料头 葱花10克

调味料 精盐100克，味精25克，鸡粉20克，食用油2000克（耗油100克），八角约25克，紫苏50克，香叶10克

工艺流程

1. 猪手斩开一分为二，放入清水、精盐、味精、红曲米、香叶、紫苏、八角煲至脸，然后熄火再浸12小时，取出，沥干水分。
2. 猛火烧油，加入食用油，烧至220℃，放入猪手炸至表皮香酥，捞起，沥去油，装盘。

技术关键

1. 猪手一定要煲脸，在冰柜保鲜冷藏。
2. 油温一定在220℃炸制（具有一定发力），猪手才会皮脆肉松，但不能炸太久，一般在30秒即可。

苦笋焖五花肉

名菜故事

苦笋，别名凉笋，盛产粤北山区，当地客家人有偏爱吃苦笋的饮食传统。苦笋源自高山植物苦竹的嫩苗，苦中带甜、爽口脆嫩、温润宜人，食后有清热解毒、去火利便、增进肠胃蠕动的作用。

烹调方法

生焖法

风味特色

味苦甘而香鲜，野味十足

知识拓展

苦笋还可以用来制作苦笋炒荞苗、苦笋炒韭菜、苦笋青椒炒猪肚等。

◦○ 原 材 料 ○◦

主副料	苦笋300克，五花肉200克，清水500克
料 头	姜片5克，葱榄10克，蒜片10克
调味料	精盐5克，味精5克，白砂糖5克，蚝油10克，绍酒10克，食用油25克

工艺流程

1 苦笋先飞水，倒入笊篱沥干水分；五花肉块切厚片。

2 五花肉放入镬中煎炒至出油，倒入笊篱沥去油。

3 猛火阴油，放入姜片、蒜片爆香，加入苦笋、五花肉，烹入绍酒，加入清水，调味焖5分钟后勾芡，加入尾油，装盘。

技术关键

1. 五花肉一定要慢火煎出油。
2. 待收汁恰到好处时再勾芡。

素炒银杏丁
（白果玉盏）

名菜故事

南雄银杏享誉中外，用银杏配菜，味道香甜，清鲜淡雅，还具有通畅血管、改善大脑功能、延缓老年人大脑衰老、增强记忆能力、治疗老年痴呆症和脑供血不足等功效。民间制作的炒鲜银杏，既可果腹，又可强身健体。

烹调方法

炒法

风味特色

银杏粒匀、晶莹剔透、香滑可口，干果酥脆，色泽美观，刀工均匀

技术关键

1. 飞水时汤水不宜太多，可烹入姜汁酒，增加香味。
2. 炸好的腰果要勾芡后才能放入，以保持干果的松脆风味。

○·○ 原 材 料 ○·○

主副料 去壳衣的白果100克，炸好腰果100克，胡萝卜丁50克，西芹丁200克，马蹄丁50克，炸好凤巢1个

料 头 蒜蓉2克，青红椒件各5克，葱榄3克

调味料 精盐2克，芡汤30克，湿淀粉10克，芝麻油1克，胡椒粉1克，二汤250克，食用油300克，绍酒10克

工艺流程

1 起镬，加入汤水、精盐，放入白果、红萝卜丁、马蹄丁、西芹丁飞水至刚熟，倒入漏勺内沥干水。

2 用芡汤、湿淀粉、芝麻油、胡椒粉调成碗芡。

3 猛火阴油，加入蒜蓉、青红椒件、白果、胡萝卜丁、马蹄丁、西芹丁，烹入绍酒，略炒至香，调入碗芡炒匀，再加入葱榄、腰果和匀，淋上尾油，盛入凤巢内即可。

知识拓展

凤巢美果鱼青丸烹饪方法与此基本相同，但是鱼青丸要先浸熟，再用120℃油泡油后，与其他配料再同炒。

香煎霉豆腐

名菜故事

民间有"未吃霉豆腐，不算到南雄"之称。传说古时动乱年代，正是农历七月，农村家家户户做糕、磨豆腐。一户人家刚炸好油豆腐就听到外面有人说"歹人进村了"，只好熄火躲入山中。一天一夜后回来发现油豆腐发霉了，又饥又饿，只好把发霉的油豆腐放镬里煎来吃，谁知越煎越香，所以这个霉豆腐一直流传至今。

烹调方法

煎法

风味特色

微辣、焦香，具有独特的地方风味

原材料

主副料	霉豆腐400克
料 头	青红辣椒圈各50克，蒜蓉25克
调味料	精盐5克，味精3克，生抽10克，食用油200克

工艺流程

1 起镬下油，霉豆腐两面煎至金黄。

2 猛火烧镬，倒入食用油，并放入蒜蓉、青红辣椒圈，略爆香。

3 放入煎好的霉豆腐，加入精盐、味精、生抽，用镬铲铲均匀，最后加尾油起镬，装盘。

技术关键

1. 豆腐需要用镬铲压扁后慢火煎至两面香脆。
2. 料头爆香后加豆腐用镬铲均匀即可，不需要加水。

知识拓展

可使用蒜蓉蒸制或茄子辣椒来焖制。

南雄酿豆腐

名菜故事

酿豆腐是南雄特色菜，与其他客家地区酿豆腐的选料不同，既可当主食，也可当下酒菜。酿豆腐是每家每户过年过节必备的美食，现已列入市级非物质文化遗产项目，南雄厨师肖兴仪是非物质文化遗产传承人，央视《味道》栏目曾专题报道。南雄酿豆腐一般采用豆腐泡来酿，馅料丰富多样，糯香可口，味道丰富多变。

烹调方法

蒸法

风味特色

圆包造型，整齐美观，汁清不粘碟；味道咸鲜，口感黏滑

知识拓展

南雄酿豆腐的传统做法是砂锅用萝卜片（成白菜）垫底，放入酿好的豆腐后加入上汤先大火煲开后小火煲30分钟，食用时用芫荽、辣椒酱油佐食。馅料可放腊味增香，加马蹄粒改善口感。

○○ 原 材 料 ○○

主副料 白芽芋头500克，南雄豆腐泡250克，猪油渣50克，湿冬菇50克，湿虾米25克，萝卜100克（或冬笋50克），大地鱼蓉10克

料 头 葱花10克

调味料 精盐5克，味精5克，胡椒粉3克，鸡粉3克，蚝油50克，湿淀粉15克，猪油100克

工艺流程

1 芋头磨蓉，猪油渣、湿冬菇、湿虾米、萝卜（或冬笋）切成粒，大地鱼切成蓉。

2 起镬烧油，放入猪油（最好下点鸡油）、猪油渣、萝卜粒、湿虾米、大地鱼蓉，加入精盐、味精、鸡粉、蚝油一起炒香，然后再加入芋蓉，炒匀至七成熟，再加入葱花拌匀起镬备用。

3 南雄豆腐泡开一小口，把炒好的馅酿入豆腐泡内，抹滑酿口，备用。

4 把酿好的豆腐排在盘上，用中火蒸熟（约30分钟），取出。

5 下蚝油、胡椒粉，勾薄芡，加包尾油淋在酿豆腐上，撒上葱花便可。

技术关键

1. 酿豆腐紧密度要一致、大小要均匀。
2. 酿制原料的选用要考虑滋味的协调。

翁源藕饼

名菜故事

翁源有大面积种植莲藕的传统，品种以红莲为主。莲藕富含维生素K、单宁酸、黏液蛋白、膳食纤维和铁、钙等矿质元素。上百年来客家人对莲藕情有独钟，用藕做成的美味佳肴数不胜数，藕菜是客家饮食文化不可缺少的一部分。

烹调方法

煎法

风味特色

香脆而有嚼性，味道鲜甜

技术关键

1. 藕饼不宜直接放入香葱粒或红葱头粒，以免煎制时易抢火起黑斑。
2. 煎制时锅要烧热后再放食用油，且要用小火煎。

知识拓展

可先用托盘将拌好的藕粒放入，用菜刀将其抹平蒸熟，凉后可切成多种形状（如榄形、条形等）。

○○ 原 材 料 ○○

主副料 猪肉200克（三分肥七分瘦），莲藕300克，鸡蛋1/3个

料 头 生姜（去皮）5克，香葱5克

调味料 精盐6克，味粉3克，红薯淀粉15克，芝麻油1克，食用油100克

工艺流程

1 猪肉洗净去皮，瘦肉用机器绞成肉浆（绞肉时可加少量清水），肥肉切成米粒状。

2 莲藕洗净去皮、去节，竖切成片，再切成丝后横切成黄豆大小的颗粒。

3 生姜拍碎，香葱洗净与生姜一起抓捏出汁。

4 瘦肉浆放置盆内，加入调味料、鸡蛋和红薯淀粉拌至起胶，再将莲藕粒、肥肉粒、姜葱汁与肉胶搅拌均匀，挤成约25克重的丸子，再用双手按扁成饼形备用。

5 平底锅烧热，倒入食用油，放入藕饼用小火煎制，直至藕饼可以用锅铲轻松移动时，翻面用小火煎制。

6 两面煎至呈褐黄色即可出锅装盘。

菜干酿竹荪

客家风味菜烹饪工艺

名菜故事

清末光绪年间，慈禧太后为求长生不老药，派出朝廷密使遍访天下，在广东仁化丹霞获得长裙竹荪若干，先后动用百余人力，费时数月才摘得1500克干竹荪，足见其极为珍贵。竹荪营养丰富，含有17种氨基酸和多种维生素，不仅能滋补强身，而且对各类疾病有较好的食疗效果。丹霞竹荪，其味鲜异常，深得中外游客好评。

烹调方法

煲法

风味特色

味鲜甜，醇香

原材料

主副料	湿菜干300克，竹荪50克
料 头	甘笋花10克，炸蒜片10克
调味料	精盐5克，味精5克，白砂糖5克，鸡粉3克，花生油10克

工艺流程

1 菜干、竹荪泡发，滚煨入味处理。

2 菜干酿入竹荪中成长条形。

3 装入瓦煲，加入上汤、甘笋花、炸蒜片，煲30分钟即可原煲上席。

技术关键

1. 宜选用仁化丹霞竹荪，以及本地农家种植的白菜心菜干。

2. 用小火煲制。

知识拓展

也可加猪手，制作成猪手竹荪菜干煲；也可加入花胶制作成花胶竹荪菜干煲。

蒸酿菜包

名菜故事

酿菜包，翁源人又叫酿麦包，是一道纯手工制作而成的客家传统美食。包菜采用农家菖荙菜，馅料采用农家韭菜、红薯淀粉、土猪肉混合在一起做成的。从准备食材到最后出锅，至少需要一两个小时。其嫩绿的外表，十分诱人。

烹调方法

蒸法

风味特色

成品嫩绿，芳香嫩滑，味道鲜美。

技术关键

1. 菖荙菜先用沸水滚软，以除去涩味，最好加入少量的食用油，可保持青绿色。
2. 馅料需加入花生油拌匀，以增加香味。
3. 由于菜品是用菜叶包裹着，会影响热传导，所以用猛火蒸制。

◦○ **原 材 料** ○◦

主副料 五花肉100克，韭菜300克，红薯淀粉15克，菖荙菜1500克

料 头 姜蓉100克

调味料 精盐5克，味精3克，胡椒粉2克，食用油100克，花生油50克

工艺流程

1 新鲜的菖荙菜去梗后，用滚水加入少量的食用油滚过，放入冷水中冷却，防止菜叶变黄。

2 韭菜切成小段，五花肉剁碎。

3 切好的材料放入盆中，加入精盐、味精、红薯淀粉进行搅拌均匀。

4 搅拌均匀的材料加入花生油再拌匀，放在金叶菜上包裹成长方形。

5 包裹好之后的菜包放入蒸笼蒸熟，淋上姜蓉即可。

知识拓展

此菜肴也可用糯米、腊味作为馅料，也可以煎制。

什素扣水晶冬瓜

名菜故事

冬瓜含有较多的植物蛋白，糖类，少量的钙、磷、铁等矿物质，以及维生素C、维生素B$_9$等。冬瓜是瓜菜类中唯一不含脂肪的瓜菜，有较强的利尿作用，配伍素菌扣制能吸收菌香，平衡营养，增加香味。

烹调方法

扣法

风味特色

造型美观，口味清新，绿色健康

技术关键

1. 各素菌一定要用肉汤滚煨熟透。
2. 冬瓜选用青皮老身的。

知识拓展

冬瓜可酿入淮山蓉馅料做成淮山冬瓜仿真鲤鱼。

○○ 原 材 料 ○○

主副料 冬瓜1500克，平菇50克，蘑菇50克，草菇15克，甘笋花15克，泡发雪耳75克，金针菇75克，红车厘子2粒

料 头 炸蒜片15克，姜片3克，葱度10克

调味料 精盐5克，味精5克，白砂糖5克，蚝油15克

工艺流程

1 冬瓜件雕刻成鲤鱼的形状，并掏空。

2 平菇、蘑菇、草菇等食材先飞水，然后用姜葱滚煨入味。

3 煨好的素菌类填充入冬瓜肉内，放入蒸笼蒸30分钟。

4 调入蚝油芡，用红车厘子装入鲤鱼中作眼睛即可。

粤北扣双冬

名菜故事

粤北山区山高林密、潮湿多雨，自然环境优越，盛产冬菇、木耳等优质食用菌，尤其冬季出产的冬菇，味香浓郁，菌身肥厚柔滑，素有"广东北菇"之美誉，再配以冬笋干扣制，食材香味互补，香滑爽脆兼备。

烹调方法

红扣法

风味特色

芡汁色鲜、香浓，冬菇、笋干鲜香爽滑

技术关键

1. 选料大小要均匀。
2. 摆放入扣碗时要整齐，放入炸蒜子时用手略压实。
3. 勾芡时火候宜用中慢火，尾油要足够。

知识拓展

也可加入炸猪手，做成双冬扣猪手。

○·○ 原 材 料 ○·○

主副料　涨发好的冬菇200克，泡发冬笋250克，芥菜胆150克

料　头　姜片10克，葱条10克，炸蒜子50克

调味料　精盐4克，味精5克，白砂糖5克，蚝油10克，食用油100克，绍酒10克，湿淀粉50克

工艺流程

1　烧热炒镬，加入清水，蒜子略飞水，倒入漏勺，然后将食用油加热至120℃时放入蒜子浸炸至金黄色，倒入笊篱沥去油，冬菇、冬笋分别滚煨入味备用。

2　冬菇摆放入扣碗内，再放入笋干、炸蒜子、姜片、葱条。

3　猛火阴油，烹入绍酒，加入肉汤，调入精盐、味精、白砂糖、蚝油，烧开放入扣碗中。中火蒸30分钟后取出，倒出原汁，覆盖在盘上。

4　猛火阴油，加入汤水、精盐、芥菜胆，略煸炒，然后调味，用湿淀粉勾芡，围在盘边。

5　猛火阴油，烹入绍酒，加入原汁，随即用湿淀粉勾芡，加入尾油和匀淋在冬菇面上。

酥香火山粉葛

名菜故事

火山粉葛为广东省名优农副产品，盛产于韶关市曲江大塘镇一带。火山粉葛种植地理位置为中亚热带季风型气候区，气候温暖、湿润，有利于有机质的分解与合成，种植出的粉葛无渣。

烹调方法

炸法

风味特色

色泽金黄，外酥香而内鲜爽

知识拓展

酥炸肉丸的制法大致相同，只不过是采用酥炸法。

·○ 原 材 料 ○·

主副料　火山粉葛500克，手剁肉馅150克

调味料　鸡蛋100克，面粉80克，粘米粉10克，淀粉50克，食用油2000克（耗油50克）

工艺流程

1 粉葛去皮后切成长5厘米、宽3厘米、厚0.4厘米的日字件。

2 飞水，吸干水分，将肉馅酿入粉葛片中。

3 鸡蛋液、面粉、粘米粉充分和匀调成浆。

4 猛火阴油，加入食用油，加热至150℃时，端离火位，将酿好的粉葛逐个裹上鸡蛋浆后放入油镬中，再端回火位炸至金黄色，倒入笊篱中沥去油，装盘，面上撒适量胡椒盐即可。

技术关键

1. 馅料打制要起胶性。
2. 粉葛酿前拍上少量淀粉，便于黏合。
3. 上浆时要均匀，放进油镬中动作要快。
4. 炸制时要掌握好油温和原料的色泽、熟度。

四、旅游风味套餐

（一）旅游风味套餐的概念

旅游风味套餐就是供旅游者享用的成套餐食，是一种特殊的套餐。它的特殊性表现在两个方面：一是其主要服务对象是远道而来的旅游者，必须符合旅游人群生理上的饮食需要；二是要结合当地饮食文化，体现当地风味特色，因为这往往是就餐者追求的。旅游风味套餐的设计目的就是用于接待远道而来的旅游者，满足他们的生理和旅游观光的需要。

（二）旅游风味套餐组合

根据以上的设计目的，一个旅游风味套餐应该包括汤品、大菜和主食等食品。在满足顾客的生理需要的同时，还应当加入一些当地的特色食品，以体现当地的饮食特色。

1.汤品

可以是炖汤、煲汤、滚汤，一般是一道，最多两道，不宜过多。

2.大菜

就是运用炒、焖、煎、炸、焗、焗等烹调方法制作的菜肴，选用食材是家禽、家畜、水产品和蔬菜。

3.主食

可以是白米饭、炒饭、面食、米粉、粥、粄等，制作方法多种多样，不拘一格。

（三）旅游风味套餐设计原则

1.满足客人的需要

要根据客人的喜好来设计和编写菜单，在编写菜单前可以通过与客人的交谈了解客人的需要。

2.突出当地风味特色

要结合当地饮食文化，整理一些具有浓郁地方特色的美食，以利于弘扬当地美食文化。

3.符合客人的生理特点

旅游风味套餐接待对象主要是旅游者。旅游者一般会有疲劳、食欲差等生理特点，天气炎热时还有口干、脱水现象。旅游风味套餐要结合客人的这些生理特点来设计，力求符合他们的生理需要。

4.注意季节差异

不同的季节有不同的时令原料。旅游风味套餐要注意安排时令原料，以突出季节性。

5.注意饮食安全

设计旅游风味套餐时不要为了体现地方性而使用不明来路、不明特性的材料，也不要为了节省使用过期的、变质的材料，以避免食物中毒事件的发生。

6.按人数设计

旅游风味套餐里面的分量要根据就餐人数来确定，掌握客人的食量，菜肴数量要适中。另外，由于广东人白事宴席菜肴数量为7道，所以旅游风味套餐的菜肴数量不要设计为7道。

7.营养要均衡，种类要多样化

旅游风味套餐设计要注重粗粮、细粮搭配，荤素搭配，主副食搭配等，力求种类多样，所含营养齐全、比例适当，能满足人体的需要。

8.菜肴的滋味、刀工成形、色彩要有变化

菜肴的滋味有浓郁有清淡，有鲜香有酸甜，有爽脆有嫩滑。刀工成形有整形的也有碎件的，有片状的也有丝条的，有大块的也有小丁。菜肴色彩有原色，

有花色，有素雅，有对比强烈……菜肴的这样一些变化会令客人感觉套餐很丰盛。

9.体现客家饮食文化特色

客家饮食在历史长河中沉淀了独有的文化，保留食材的原汁原味，体现客家人的纯朴。客家风味旅游套餐应该尽可能地挖掘每道菜的文化底蕴，向旅游者完美讲述客家菜背后的故事，如酿豆腐背后是客家人迁徙。

10.突显当地乡土特色食材

旅游者来到客家地区，除了游山玩水外，品尝当地美食也是其重要的出游动机。独具当地乡土特色的风味旅游套餐能让旅游者吃到与城市不一样的土特味，如客家地区的五指毛桃、娘酒等。乡土美食让旅游者记住这个地方，为创造回头客和更多的客源提供了潜在机会。

（四）旅游风味套餐设计技巧

旅游风味套餐的设计除了把握上述原则外，还有以下几点技巧：

（1）选编有故事、有文化底蕴的菜品，以吸引客人关注。

（2）巧妙定价，使客人感觉物有所值。

（3）把握客人的旅游目的，针对客人消费心理设计。

（五）旅游风味套餐设计实例

表1至表12为客家地区旅游风味套餐设计实例。

表1 梅州地区旅游风味套餐（1）（4~6人份）

序号	属性	菜点名	主要原料	制法	主色调	口味
1	点心	大埔笋粄	木薯淀粉	蒸	白	咸鲜
2	汤	鲩丸汤	鲩鱼	滚	白	咸鲜
3	热菜	盐焗鸡	鸡	焗	黄	咸香
4	热菜	客家蒸双丸	五花肉	蒸	白	咸鲜

续表

序号	属性	菜点名	主要原料	制法	主色调	口味
5	热菜	姜糟炒牛肉	牛肉	炒	红	咸香
6	热菜	香芋南瓜煲	香芋、南瓜	煲	紫与金黄	咸鲜
7	热菜	农家时蔬	蔬菜	炒	绿	咸鲜

备注：大埔属于地域名称。

表2　梅州地区旅游风味套餐（2）（4~6人份）

序号	属性	菜点名	主要原料	制法	主色调	口味
1	点心	算盘子	红薯淀粉	炒	灰白	咸香
2	汤	枸杞汤	枸杞	煲	白	咸鲜
3	热菜	炒猪肠	猪肠	炒	白	咸香
4	热菜	清蒸鳙鱼头	鳙鱼头	蒸	白	咸香
5	热菜	菜圃煎鸡蛋	菜圃、鸡蛋	煎	金黄	咸
6	热菜	酿豆腐	猪肉	煎酿	金黄	咸鲜
7	热菜	农家时蔬	蔬菜	炒	绿	咸鲜

表3　梅州地区旅游风味套餐（3）（8~10人份）

序号	属性	菜点名	主要原料	制法	主色调	口味
1	点心	发粄	圆糯米	蒸	白	香甜
2	点心	客家咸糍	糯米粉	炸	黄	咸香
3	汤	双丸汤	猪肉、牛肉	生滚	白	咸鲜
4	热菜	酿三宝	豆腐、茄子、凉瓜	煎酿	金黄	咸鲜
5	热菜	烧鲤	鲤鱼	扒	红	咸香
6	热菜	梅菜扣肉	猪	焖	红	咸香
7	热菜	娘酒鸡	鸡	焖	黄	咸香
8	热菜	葱蒜香糟腌百叶	牛百叶	扒	黑红	咸香
9	热菜	客家小炒皇	韭菜、土鱿、豆干、猪肉	炒	黄、绿、红	咸香
10	热菜	芋头芡实板栗煲	芋头、芡实、板栗	煲	白	咸鲜
11	热菜	农家时蔬	蔬菜	炒	绿	咸鲜

表4　河源地区旅游风味套餐（1）（4~6人份）

序号	属性	菜点名	主要原料	制法	主色调	口味
1	点心	萝卜粄	粘米粉	蒸	白	咸鲜
2	汤	鱼丸汤	鱼肉	滚	白	咸鲜
3	热菜	砂锅焗鱼头	鳙鱼	焗	黄	咸香
4	热菜	酿豆腐	豆腐	煎酿	金黄	咸鲜
5	热菜	豆角干蒸五花肉	五花肉	蒸	黑	咸香
6	热菜	韭菜炒河虾	韭菜、河虾	炒	绿、红	咸香
7	热菜	农家时蔬	蔬菜	上汤	绿	咸鲜

表5　河源地区旅游风味套餐（2）（4~6人份）

序号	属性	菜点名	主要原料	制法	主色调	口味
1	点心	客家发粄	糯米粉	蒸	白/黄/红	香甜
2	汤	紫金八刀汤	猪肉	生滚	白	咸鲜
3	热菜	菜干煲	菜干	煲	土黄	咸鲜
4	热菜	东江义合鸭	鸭	蒸	红	咸香
5	热菜	炒猪肠	猪肠	炒	白	咸香
6	热菜	斋盆菜	粉丝	炒	黄	咸鲜
7	热菜	农家时蔬	蔬菜	炒	绿	咸鲜

备注：紫金、义合属于地域名称。

表6　河源地区旅游风味套餐（3）（8~10人份）

序号	属性	菜点名	主要原料	制法	主色调	口味
1	点心	红薯粄	糯米粉、红薯	蒸	红	香甜
2	点心	客家咸糍	糯米粉	炸	黄	咸香
3	汤	五指毛桃骨头汤	猪骨头、五指毛桃	煲	黄	咸鲜
4	热菜	酿豆腐	豆腐	煎酿	黄与白	咸鲜
5	热菜	水绿菜炒猪肠	猪肠、水绿菜	炒	白	咸鲜

续表

序号	属性	菜点名	主要原料	制法	主色调	口味
6	热菜	忠信瓦缸猪脚	猪脚	焖	红	咸香
7	热菜	盐焗鸡	鸡	焗	黄	咸香
8	热菜	煎焖鱼仔	鱼	煎焖	黄	咸香
9	热菜	炒三宝	苦瓜、茄子、豆角	炒	紫、绿	咸鲜
10	热菜	菜卷煲	芥菜、糯米	煲	绿	咸鲜
11	热菜	农家时蔬	蔬菜	炒	绿	咸鲜

备注：紫金、忠信属于地域名称。

表7　惠州地区旅游风味套餐（1）（4~6人份）

序号	属性	菜点名	主要原料	制法	主色调	口味
1	点心	煎萝卜粄	糯米粉	煎	金黄	咸香
2	汤	猪红汤	瘦肉、粉肠、猪肝、排骨	滚	青	咸鲜
3	热菜	盐焗鸡	鸡	焗	黄	咸香
4	热菜	东江酥丸	猪肉	炸	黄与白	咸鲜
5	热菜	酿豆腐	豆腐	蒸	黑	咸鲜
6	热菜	韭菜炒蛋	鸡蛋	煎	金黄	咸鲜
7	热菜	农家时蔬	蔬菜	上汤	绿	咸鲜

表8　惠州地区旅游风味套餐（2）（4~6人份）

序号	属性	菜点名	主要原料	制法	主色调	口味
1	点心	水粄	粘米粉	蒸	黄	咸鲜
2	汤	猪肺菜干汤	猪肺、菜干	煲	黄	咸鲜
3	热菜	酿油豆腐	油豆腐、猪肉、鱼肉	煲	黄	咸香
4	热菜	红烧蒜子鮕	鮕鱼	焖	红	咸香
5	热菜	原味禄鹅	草鹅仔	焖	红	咸香
6	热菜	客家粉丝煲	粉丝	煲	白	咸鲜
7	热菜	农家时蔬	蔬菜	上汤	绿	咸鲜

表9　惠州地区旅游风味套餐（3）（8~10人份）

序号	属性	菜点名	主要原料	制法	主色调	口味
1	点心	艾粄	糯米	蒸	白	香甜
2	点心	阿嫲叫	糯米粉	炸	黄	咸香
3	汤	菜干猪肉汤	猪肉	煲	黄	咸鲜
4	热菜	酿豆腐	豆腐	煎酿	黄与白	咸鲜
5	热菜	扒鸭	鸭	扒	红	咸香
6	热菜	东坡大肉	猪	炸焖	红	咸香
7	热菜	娘酒鸡	鸡	焖	黄	咸香
8	热菜	东江鱼丸	鲮鱼	汆	黄	咸鲜
9	热菜	尖椒炒牛肉	牛肉	炒	红、绿	咸香
10	热菜	观音菜	观音菜	炒	绿	咸鲜
11	热菜	农家时蔬	蔬菜	炒	绿	咸鲜

表10　韶关地区旅游风味套餐（1）（4~6人份）

序号	属性	菜点名	主要原料	制法	主色调	口味
1	点心	红薯糍	红薯、白砂糖	炸	金黄	香甜
2	热菜	五指毛桃煲老鸡	老鸡、五指毛桃	煲	清汤	咸鲜
3	热菜	沙田鹅醋砵	土鹅、酸荞头	焖	血红	酸甜
4	热菜	豆豉焖猪肉	五花肉、豆豉	焖	赤红	咸香
5	热菜	云髻紫苏鸭	子鸭、紫苏	焖	暗紫	咸鲜
6	热菜	生炖丰江河鱼仔	河鱼仔、姜片	煲	白	咸鲜
7	热菜	农家时蔬	蔬菜	炒	绿	咸鲜

备注：沙田、云髻属地域名称。

表11 韶关地区旅游风味套餐（2）（4~6人份）

序号	属性	菜点名	主要原料	制法	主色调	口味
1	点心	长来鸡蛋糍	粘米粉、肉馅	蒸	黄	咸鲜
2	汤	梅花全猪汤	土猪肉、猪杂、排骨	煲	乳白	咸鲜
3	热菜	煲焖团子肉	五花肉	焖	红	咸香
4	热菜	北乡酿马蹄	马蹄、肉馅	黄	白	咸鲜
5	热菜	黄圃白辣椒炒鱼干	鱼干仔、白辣椒	炒	灰	咸辣
6	热菜	乐昌花生豆腐	花生豆腐、肉馅	煲	灰	咸香
7	热菜	农家时蔬	蔬菜	炒	绿	咸鲜

备注：长来、梅花、北乡、黄圃、乐昌属于地域名称。

表12 韶关地区旅游风味套餐（3）（8~10人份）

序号	属性	菜点名	主要原料	制法	主色调	口味
1	点心	雄州船糍	粘米粉、白砂糖	煎	金黄	香甜
2	点心	饺俚糍	淀粉、酸菜馅	蒸	黄	咸酸
3	汤	梅关月婆鸡	土鸡、娘酒	滚	白	咸鲜
4	热菜	黄焖酸笋鸭	土鸭、酸笋、辣椒	焖	红	咸辣
5	热菜	南雄酿豆腐	油豆腐、芋头馅	蒸	黄	咸香
6	热菜	香滑乡村鱼	鲩鱼、辣椒	煎焖	红	咸鲜
7	热菜	素炒银杏丁	银杏	炒	黄白	咸鲜
8	热菜	甜酒酱蒸五花	五花肉、甜酒	蒸	浅红	咸香
9	热菜	梅岭鹅王	土鹅、辣椒	焖	红	咸香辣
10	热菜	粤北扣双冬	冬菇、冬笋	扣	红	咸鲜
11	热菜	农家时蔬	蔬菜	炒	绿	咸鲜

备注：雄州、梅关、南雄、梅岭、粤北属地域名称。

EPILOGUE
后记

　　广东省"粤菜师傅"工程系列培训教材在广东省人力资源和社会保障厅的指导下，由广东省职业技术教研室牵头组织编写。该系列教材在编写过程中得到广东省人力资源和社会保障厅办公室、宣传处、财务处、职业能力建设处、技工教育管理处、异地务工人员工作与失业保险处、省职业技能鉴定服务指导中心、职业训练局和广东烹饪协会的高度重视和大力支持。

　　《客家风味菜烹饪工艺》教材具体由河源技师学院牵头，梅州市人力资源和社会保障局、梅州农业学校、梅州市金苑餐饮管理有限公司（国家级陈钢文技能大师工作室）、梅州市餐饮行业协会、金苑酒家（万象店）、梅县区新城凤记饭店、梅县区程江爱平饭店、梅县万秋楼客家文化发展有限公司、惠州市人力资源和社会保障局、惠州城市职业学院、惠州市厨师协会、惠州市饭店行业协会、韶关市人力资源和社会保障局、韶关市餐旅烹饪协会、韶关市技师学院、韶关市烹饪职业培训学校、河源市人力资源和社会保障局、河源市烹饪行业协会、河源市餐饮协会、河源幸福城食府等单位参加编写。该教材主要收录了梅州、惠州、韶关、河源等4个市（区域）的153个菜品，其中通用菜23个，地方风味菜品130个，这些菜品的制作遵循客家菜烹饪传统工艺，体现地方特色的烹饪技法，代表着客家地域的饮食文化。该教材可作为开展"粤菜师傅"短期培训和职业院校全日制粤菜烹饪专业基础课程配套教材，同时可作为宣传粤菜文化的科普教材。

　　《客家风味菜烹饪工艺》菜品及相关图片主要由参编单位提供和编者原创。教材在编写过程中，得到了黄俊鹏、黄颖、陈嘉庆、刘爱勤、龙宝文、黄东伟、邓亮新等餐饮企业家和行业专家的大力支持，在此一并表示衷心的感谢！

《客家风味菜烹饪工艺》编写委员会

2019年8月